U0292594

都江堰宝瓶口　　手工钢凹版雕刻　宋 凡

谨以此书献给中国人民银行成立70周年
暨人民币印制发行70周年

责任编辑：陈　翎

责任校对：潘　洁

责任印制：程　颖　李　安

封面设计：倪　罡

版式设计：赵雷勇　黄　琦　吴建峰

图书在版编目（CIP）数据

现金的魅力：人民币雕刻之美（Xianjin de Meili：Renminbi Diaoke Zhimei）/ 刘贵生，张汉平，布建臣主编 . —北京：中国金融出版社，2018.8.

ISBN 978 - 7 - 5049 - 9280 -2

Ⅰ . ①现… Ⅱ . ①刘… ②张… ③布… Ⅲ . ①人民币 - 纸币 - 雕刻凹版 - 凹版印刷 - 介绍 Ⅳ . ① TS838

中国版本图书馆 CIP 数据核字（2017）第 263189 号

出版
发行　中国金融出版社

社址　北京市丰台区益泽路 2 号

市场开发部　（010）63266347，63805472，63439533（传真）

网上书店　http://www.chinafph.com　（010）63286832，63365686（传真）

读者服务部　（010）66070833，62568380

邮编　100071

经销　新华书店

印刷　天津银博印刷集团有限公司

尺寸　180 毫米 ×245 毫米

印张　20.75

字数　200 千

版次　2018 年 8 月第 1 版

印次　2018 年 11 月第 3 次印刷

定价　180.00 元

ISBN 978 - 7 - 5049 - 9280 -2

如出现印装错误本社负责调换　联系电话（010）63263947

现金的魅力

人民币雕刻之美

刘贵生　张汉平　布建臣　主编

中国金融出版社

编委会

总　序

论现金的魅力

　　这篇文章曾在《金融时报》（2018 年 1 月 26 日）发表。写这篇文章主要是基于当前对竭力推进所谓"无现金社会"这种观点和行为的思考。把这篇文章作为《现金的魅力》这套丛书的总序其实有些名不副实，是借用其名，实际内容则相去甚远。《现金的魅力》这套丛书，主要是从技术与艺术的层面全方位地展示人民币独特的魅力。一枚纸币从造纸原材料的选购开始，一枚硬币从某种特殊金属材料的冶炼开始，到形成最终的产品，要历经上千道工序，凝集着成千上万艺术工作者、技术工作者、管理者以及能工巧匠的智慧与汗水。货币之所以被称为"国家名片"，是因为她不仅从一个侧面反映着一个国家的技术实力与经济实力，更是反映着一个国家独特的民族文化与鲜明的时代特征。现金是真正的"掌上明珠"。希望这套丛书的出版有益于每一个拥有现金的人——不仅仅只是现金的使用者，也是现金的欣赏者；不仅仅看到她的经济价值，更能发现她的艺术魅力。

——作者题记

　　移动支付快速普及，令人们对"无现金社会"产生丰富遐想。甚至一些商家以"无现金"为由拒收现金，引发舆论关注。但就目前而言，无现金支付还只是支付方式的创新，现金支付渠道依然有庞大的需求和存在的意义。同时，一国货币还承载着诸多历史文化意义，其重要人文价值更是"无现金支付"无法匹敌与取代的。

自 20 世纪 50 年代信用卡诞生以来，人们就一直预测无现金社会何时出现。目前在我国以第三方支付机构为主导的移动支付已渗透到公众生活的各个方面。2017 年 4 月，某公司主导的"非现金联盟"在某省会城市成立，宣布"计划用 5 年时间推动中国进入无现金社会"；在国外，丹麦央行宣布从 2017 年 1 月 1 日起关闭印钞部门并不再印钞，同时废除商店必须接受物理现金的法律规定。此类事件时有发生，很容易给人一种误导：无现金社会即将到来。

银行卡、票据、第三方支付等非现金支付工具的广泛应用，的确打破了长期以来现金在日常消费支付领域的主导地位。但非现金支付是否会全面替代现金，如何认清现金支付与非现金支付的关系，如何认识现金独特的价值？迫切需要我们寻求理性的解释。

非现金支付工具因其特殊的便捷性呈现出多元化发展的强劲态势。同时，由于第三方移动支付机构汇集了大量的信息流、资金流，吸引了很多创新型公司不断加入，从而进一步助推了第三方支付机构的发展壮大，这对现金需求的挑战是不言而喻的，主要表现在：

一是现金在货币供应总量中增速放缓。非现金支付工具的创新发展，不仅满足了公众对支付的多元化需求，同时也改变了部分公众支付习惯，对现金需求总量带来明显的替代效应，导致流通中现金（M_0）占 M_2 的比重呈逐年下降趋势。以我国 1980 年至 2016 年现金占社会商品零售总额的比例变化来看：2003 年以前平均占比约 43.91%，银行卡应用普及以后便加速下降至 2013 年的 22.11%（10 年减少近 50%）、2016 年的 10.73%（3 年减少 50% 以上）。移动支付不仅对日常现金支付带来显著替代效应，同时也给传统现金机具如 POS 机、自助存取款机、点验钞机等市场需求带来强大冲击。

二是现金在支付总量中所占比例下降明显。随着支付工具多元化发展，各种支付工具在支付总量结构中的比例不断变化。其中，银行卡和第三方支付工具正逐步取代现金、票据、电话支付等传统支付工具，成为个人使用最为频繁的非现金支付工具。从 2009 年到 2016 年，非现金支付交易金额从 715.78 万亿元增加到 3687.24 万亿元，增长了 4.15 倍。其中，银行卡交易金额从 2009 年的 126.69 万亿元增加到 2016 年的 741.81 万亿元，年均增长率为 31.59%；移动支付金额从 2009 年的 0.28 万亿元增加到 2016 年的 157.55 万亿元，年均增长率为 169.33%；第三方支付累计发生网络支付业务 1639.02 亿笔，金额 99.27 万亿元，同比分别增长 99.53% 和 100.65%。

引起现金增速放缓与支付总量结构性变化的主要事件：一是 2002 年中国银联成立，银联卡实现了跨行转账，满足了公众异地支付、跨行支付与大额取现的需求。二是自 2012 年以来，以支付宝、财富通等为代表的第三方支付的快速发展和渗透，改变了公众线下日常小额现金支付的习惯。另外，除支付工具多元化外，支付结算设施、消费群体结构、支付服务效率与安全等因素，也共同影响着现金与非现金支付工具的总量与结构变化。总体来看，我国非现金支付工具应用领域不断扩张，逐渐打破了长期以来现金支付的主导地位，现金、银行卡、第三方支付"三足鼎立"的支付格局基本形成。

非现金支付工具是社会需求、技术进步和支付创新的产物。因其便捷的服务和可以转换现金的能力，对提升我国货币流通速度和支付效率具有重要价值。非现金支付在我国的快速发展不是偶然的，有其客观必然性。它是金融支付服务不平衡、不充分、信用卡渗透率相对较低、手机网民数量大以及政府对支付创新采取较为宽松的政策等多种因素叠加作用的结果。尽管如此，现金的以下基本特征并未改变。主要表现在：

一是现金才具有国家法律保障的法定地位。 现金是国家为社会公众提供的公共物品，国家法律与国家信用保障其法定地位，确保了现金能够被社会公众普遍接受与使用。《中华人民共和国人民币管理条例》明确规定：中华人民共和国的法定货币是人民币；以人民币支付中华人民共和国境内的一切公共的和私人的债务，任何单位和个人不得拒收。非现金支付工具不是存款货币，其应用还受到支付环境、个人偏好等多种因素的制约。

二是现金才具有最广泛的适用性。 现金是商品交换中最普遍使用的交易媒介，它适用于社会所有群体，与用户身份没有任何关联。不论社会阶层、年龄性别、知识技能等，所有公众都可以便捷地使用现金。非现金支付需要有银行账户、支付服务组织、支付工具、支付系统等结算条件。联合国儿童基金会数据显示：世界上一些相对落后的国家与地区，很多女性和儿童无法以自己的名字开设银行账户，难以享受非现金支付服务。在我国经济落后与边远地区，商家缺乏非现金支付所需要的结算条件，无法接受非现金支付工具，居民仍然习惯于现金支付。美国 AGIS 咨询公司调研资料显示，在很多国家，最低价值的 50% 交易依旧主要是由现金完成，全球社会零售商品交易的 83.17% 依旧习惯使用现金。

三是现金既是安全性最高的支付手段，同时也是非现金支付最有效、最可靠的灾备工具。权衡便捷与安全是选择支付工具的重要条件。现金交易可以即刻实现权利与义务、责任与风险的转移，很少发生支付故障与信用风险，而且适用于任何时间、任何地点。虽然每种支付工具都存在潜在的安全风险，但比较现金丢失、盗窃和伪造而给使用者带来的财产损失，非现金支付工具潜存的身份认证与银行卡数据信息被欺诈、盗刷等系统性风险，将给使用者带来更大的财产安全隐患。我国公安机关近期破获的多起伪卡犯罪、网上银行资金盗刷等案件，意味着金融网络安全绝不可掉以轻心。由于非现金支付过分依赖于网络系统，一旦发生网络技术故障，现金仍将是公众最应急的安全支付；在自然灾害、系统性风险或金融危机发生时，现金仍是保障国家金融安全和社会稳定最有效、最可靠的灾备工具和应急手段。

除了以上三方面特征外，对于使用者来说，唯有现金，才是成本最低的一种支付方式。现金作为公共产品，其生产流通成本全部由国家承担，居民使用现金几乎不负担任何费用。尽管表面看来，消费者使用非现金支付工具也不承担相关费用，甚至还享受一定的优惠条件，但其背后庞大的网络建设运行维护管理费用以及银行账户管理费用最终还是以各种方式分摊在消费者头上。

现金不仅具有支付功能，现金的文化属性与社会价值越来越受到重视。现金被世界各国誉为"国家名片"，它不仅是国家经济主权、价值与财富的象征，具有交易媒介与价值储存等基本功能，同时还是传承一个国家悠久历史、展现一个国家时代特征的有效载体。世界各国纸币硬币都凝聚着该国历史文化传统，具有很高的艺术价值。例如，金属铸币记载了自远古时代以来的文明和艺术，生动展示了人类发展历程与创造力，成为后人了解各国文化历史的有效载体；纸币的艺术浓缩了一个国家或地区在一段时期的历史记忆，是物质价值与艺术价值的有机统一，被许多收藏者视为独特高贵的艺术品。目前，越来越多的钱币爱好者正在挖掘与发展现金内在的文化价值、艺术价值和收藏价值。

此外，从消费心理学角度，现金支付会促使消费者更加理性和谨慎，有助于消费者控制成本预算与消费冲动。

以上是从现金的一般特征而言的。这些特征赋予现金独特的魅力，使其在经济舞台上，始终焕发出勃勃生机。正因为如此，无论在国内还是全球，尽管现金需求增速放缓，但现金需求总量依然在不断增长。从中国人民银行公布的数据看，流通中现金（M_0）增长趋势从未改变，2017 年仍高达 7.06 万亿元，较 2016 年增长 3.4%，过去八年间累计增长幅度达到 64.5%。

在我国，应鼓励多种支付方式协同发展，盲目推动建设所谓"无现金社会"，不仅事倍功半，而且弊大于利。现金与非现金支付并存的格局将长期存在。

一是由于支付基础设施建设不平衡、不充分问题仍很突出，很多人难以享受非现金支付的便捷性。截至 2016 年末，虽然农村地区银行网点覆盖率已达 93.46%，但由于我国地区间发展不平衡，目前全国还有 1000 多个乡镇、70 多万个行政村、上百万个自然村没有金融服务网点。从我国城乡互联网普及率来看，虽然农村地区网民规模和互联网普及率不断增长，全国互联网普及率已达 53.2%，但其中农村互联网普及率仅为 33.1%，城乡普及率差异仍超过 20% 以上。从账户的普及率来看，截至 2014 年底，我国县域银行个人结算账户普及率为 58%、城市地区为 74.1%，推动所有人账户普及和使用仍需要很长的时间。

二是尽管我国网络设施发展较快，但信息化领域许多关键技术仍主要掌握在他国手中，总体国家金融安全风险隐患不容忽视。公安部、工信部 2016 年监测数据显示：针对金融企业的网络攻击事件已超过万起，较 2014 年增长了近 10 倍。金融网络系统已成为黑客和不法分子攻击的重点对象。若金融系统网络遭到攻击，数以亿计的账户数据信息和个人隐私有可能受到很大威胁。

三是我国特殊人群数量多，其支付习惯与偏好应得到切实尊重。老年人群是现金支付主力。民政部最近数据显示，截至 2016 年底，全国 60 岁及以上老年人口 23086 万人，占总人口比重为 16.7%，其中 65 岁及以上人口为 15003 万人，占总人口比重为

10.8%。虽然非现金支付已成为"80后"、"90后"等年轻群体的主要支付工具,但现金对老年人的便捷性和安全感,是任何电子化形态的非现金支付工具所无法替代的。从特殊人群数量看,2016年全国农村低收入人口为4335万人,未受教育人数为16777万人、视力残疾1263万人等。非现金支付工具需要基于账户、终端识别设备和网络平台等条件,并通过中央银行后台系统完成清算,由于农村居民和城市低收入人群缺乏互联网知识与应用技能,特别是偏远地区的农村居民,平时很少接触电子设备,大多不会操作手机支付,不会利用ATM、POS机等进行刷卡支付。这些庞大的特殊人群还是习惯于选择现金支付。

综上所述,可以得到以下两点基本结论:

一是现金不可能被完全替代。从货币形态演变规律看,某种货币形态从诞生到成为法定货币,再到退出法定货币行列,是多种因素共同作用的结果,必将经历漫长的历史时期。虽然非现金支付工具给现金带来明显的替代效应,但现金依然是世界各国普遍采用的法定货币形态,是当前社会最普遍的支付方式之一。目前,尚没有出现非现金支付工具完全替代现金的国家,即便是丹麦政府提出"无现金社会、计划取消印钞等",也没有完全取消银行提供现金服务。现阶段,任何非现金支付工具都难以具备现金的所有功能特征。在我国,现金仍然是居民日常消费的主要支付方式之一。即便将来出现了由于信息技术高度发展,全体国民都可以非常便捷地使用非现金支付工具,出于对使用者个人选择权的尊重以及灾备与防范风险的考虑,保留现金甚至鼓励国民使用现金都是必要的。特别是对我国这样一个地域广、人口多、发展很不平衡的大国来说，重视现金的生产与使用，应成为一项基本经济政策。

二是现金与非现金支付工具将长期并存。现金与非现金支付工具分别有特定的使用对象、交易环境，具有不同的交易风险、交易成本。支付工具的多样化组合，有助于提升我国支付体系运行质量和效率，有助于防范支付风险，有助于满足公众的差异化支付需求。在支付政策选择中，应切实尊重社会发展、市场规律和消费者习惯与心理，统筹协调、循序渐进。

从世界各国支付体系发展演变看，现金与非现金支付相互支撑、相互补充、共存共生的局面将长期存在。特别是在我国，由于核心技术水平的限制、区域发展的不平衡性以及特殊人群数量众多等多方面原因，过度依赖非现金支付会大大增加支付体系的脆弱性。必须长期确立现金作为国家法定货币的至高地位，切实保障广大人民群众选择现金、使用现金的合法权益。

中国印钞造币总公司
董事会党组书记、董事长　

二〇一八年八月

前　言

人民币，包括纸币和硬币，是中华人民共和国的法定货币，被誉为"中国名片"。人民币独特的艺术魅力，源自其先进的防伪技术、一流的印制质量、鲜明的民族特色和深厚的文化底蕴。

近观人民币纸币，票面上那宛如浮雕、色彩斑斓的精美图文，都是来自一种高难度的特殊印刷技艺——凹版雕刻。

钞票凹版雕刻，既是技术，也是艺术。雕刻师深思熟虑的巧妙构思、千变万化的点线组合和精致精准精湛的雕琢，赋予钞票奇特的艺术美感。

17 世纪中叶，凹版雕刻首次运用于印刷钞票。由于凹版印制出来的人物、风景、建筑、装饰图文非常精美，加之手工雕刻凹版线条的深浅、弧度、角度难以仿制，公众易于识别，凹版雕刻迅速成为各国钞票纷纷采用的一种高端防伪印刷技术。

中国钞票采用凹版雕刻印制技术，走过了一段不平凡的历程。

1908 年，清政府在北京成立了中国第一家国家印钞厂——度支部印刷局（即今天的北京印钞有限公司），从美国购买了万能雕刻机、凹印机等雕刻制版和印刷的全套印钞设备，高薪聘请了五名美国雕刻师来印刷局传授钢凹版雕刻印刷技术，由此开始了我国运用手工雕刻钢凹版技术印制钞票的历史。晚清至民国时期战乱不断，国家积贫积弱，凹版雕刻的发展举步维艰。尽管如此，当时的中国雕刻师们依然自强不息、苦心耕耘，在钞票和邮票印制领域逐步站稳了脚跟，在中国现代印钞史上刻下了不可磨灭的印迹。

1948 年 12 月 1 日，中国人民银行成立并发行人民币，掀开了中国货币印制的新篇章。在中国共产党的领导下，人民币印制事业从小到大、从弱到强、从技术水平相对简单到跻身国际先进行列，取得了举世瞩目的辉煌成就。中华人民共和国成立以后，在党中央、国务院的高度重视和关怀下，中国人民银行确立了人民币印制"以凹印为主"的生产方针，派人去苏联、民主德国考察购买了一批新型凹印设备，组织雕刻技术人员集中攻关，研发了多项雕刻新技术，凹版雕刻成为人民币防伪的核心技术之一。

1978 年，党的十一届三中全会以后，人民币印制事业在改革开放的新时代继往开来，蓬勃发展。随着国家实力的强盛和科技水平的提升，人民币的防伪技术不断升级换代，在设计上实现了防伪性与政治性、民族性、艺术性的有机统一，在工艺技术上逐步实现了专业化、标准化、精细化，人民币的印制水平跻身国际印钞先进行列，有力地提升了人民币的品牌形象。

人民币，是为人民服务的货币，也是精美的艺术品。中国印钞造币总公司为了保障国家货币发行需求、满足人民群众美好生活需要，始终以"忠诚印制，追求第一"为目标，为不断提高人民币品质付出了艰辛努力。其中，人民币凹版雕刻师，以炉火纯青的精湛技艺，在人民币上雕刻出一系列精妙入神的图案，大大增添了人民币的艺术美感和收藏价值。

钞票凹版雕刻，是一门集绘画艺术与雕刻技法于一身、难度非常大的印钞技术，是最能彰显工匠精神的专业技艺之一。从事凹版雕刻的人员，需要经过数十年长期且严格的训练，才能进入游刃有余的境界。一百多年来，我国几代雕刻师投入毕生精力勤学苦练、薪火相传雕刻技艺，使人民币凹版雕刻水平不断跃上新的高度。

《现金的魅力——人民币雕刻之美》是一本既专业又通俗的图书，全面展示了人民币纸币凹版雕刻的经典之作，熔史料性、知识性、艺术性和趣味性于一炉，图文并茂、引人入胜。

希望读者朋友看到这本书时，翻阅它、欣赏它，从一行行介绍人民币雕刻之美的字里行间，从一张张精美的图片上，从经意或不经意的细节中，饱览人民币的精致美观，感受人民币纸币令人爱不释手、精美绝伦的艺术魅力！

目　录

6 第六章　精益求精琢神韵

　　人民币，与人民生活休戚相关。在中华人民共和国的历史上，她担负着人们对美好生活的追求，承载着一个国家的繁荣与昌盛。一部人民币的发展史，映射出共和国经济建设和科技发展的历程。

　　人民币是一种特殊的产品，其产品质量和防伪技术品质反映着国家的综合实力。目前，人民币的印制技术已居国际前列，其中，具有中国特点的凹版雕刻技艺，向全世界彰显着它的独特魅力。

NY32

固定人像水印　胶印缩微文字　光彩光变数字　　　　　　　　　光变镂空开窗安全线

胶印

雕刻凹版印刷

北京印钞有限公司陈列馆雕刻工作场景复原，图为美国手工雕刻钢凹版艺术家海趣指导中国雕刻人员学习钢凹版雕刻技艺

百年凹雕传匠心

100年前，中国从美国引进了手工雕刻钢凹版印钞技术。

70年前，第一套人民币传承了手工雕刻钢凹版印钞技术。

2016年，人民币凹版雕刻师马荣，荣获"大国工匠"称号。

2017年，马荣登上国际讲坛，向世界同行讲述中国钞票蕴含的东方文化。

人民币图案人人皆晓，但其凹版雕刻师却鲜为人知。漫长岁月里，人民币雕刻师们默默无闻，在一针一刀中，雕琢不能署名的精湛杰作，在钢版上镌刻五彩纷呈的大千世界，用毕生的心血将手工雕刻技艺薪火相传。

刀尖舞者　雕刻人生

——"大国工匠"马荣为国争光

"再过几天，就是'五一'国际劳动节了，我们一起来关注几位国宝级的顶级工匠。"

"在喧嚣当中，他们固执地坚守着内心的那份宁静，凭着一颗耐得住寂寞的匠心，创新传统技艺，传承工匠精神。"

"这些国宝级的顶级工匠，他们技艺精湛，有守着钞票防伪重要关口的钞票凹版雕刻师，有制作传世百年救命药丸的制药师，还有在为几百年后留下文物的古书画修复师。"

"从今天起，《新闻频道》推出'五一'特别栏目《大国工匠　匠心传世》。今天关注一位雕刻钞票凹版的人，她叫马荣。"

"2015 年 11 月 12 日发行的新版第五套人民币 100 元，使用了国际印钞界先进的凹版雕刻技术，它有重要的防伪作用。而防伪的重要一关就是人像雕刻。这张纸币上毛泽东主席肖像的雕刻师，就是我国钞票印制领域中雕刻专业的领军人——马荣。"

2016 年 4 月 27 日，中央电视台《新闻联播》、综合频道滚动播出《大国工匠　匠心传世》系列专题片的第一集《马荣：刀尖舞者　雕刻人生》。

2015 年 11 月 12 日，新版第五套人民币 100 元纸币面世。光线下用放大镜观察，钞票上的毛泽东主席肖像泛着点与线交织产生的特殊反光，宛如浮雕，手指轻触，还有凹凸感——这就是世界钞票原版雕刻领域闻名遐迩的雕刻凹印技术。

用放大镜观察毛泽东主席肖像和国徽等凹印图案，能看到点与线交织产生的特殊反光，宛如浮雕，手指轻触，还有凹凸感——这就是世界钞票原版雕刻领域闻名遐迩的雕刻凹印技术。

创作是一场灵魂的对话

我国运用在钞票上的凹版雕刻技术是目前世界上最有效的防伪技术之一，雕刻的人像不仅可以达到最高级别的防伪要求，而且在技法上更能体现出神入化的艺术效果。

每一个点，每一根线，都是马荣与钢版的对话："钞票上人像的塑造是难度最大的，通过点和线表现人物的精气神、空间感和质感。而人物刻画是最后一道防线，必须做到极致才能达到防伪的效果。"

在马荣心里，每刻一刀都不可逆，"钞票的凹版雕刻需要用心来创作，凹版雕刻有一个特点，是不允许出现任何偏差，中间如果任何一个点和一条线刻坏了，之前几个月的努力都将归零，推倒重来。"

37年来，马荣凭着匠人的坚韧，执着地在刀尖上跳舞，舞出了不同于常人的雕刻人生。

马荣面对记者，丹凤眼总是微含笑意："一拿起雕刻刀，我就感觉自己进入了另一个世界，那里只有点与线，凹与凸，只有我创作的人物形象。"

每天早晨 8 时，马荣会准时走进工作室，穿上工作服，拿出钢版，握起雕刻刀，开始一天的创作。这样的创作，在她 37 年的雕刻生涯中从未停歇过。

特制的工作台被均匀的灯光映得通亮，一块光如镜面的钢版摆放正中，马荣身体前倾，左手握镜，右手持刀。随着刀锋的微微跳跃，钢版上出现纤细密集的线条，逐渐延伸构成一片银色的发梢、微笑的嘴角、和缓的鼻翼、温柔的双眸……一位文学老人的肖像跃然而出。

1997 年，马荣迎来了雕刻生涯的重要转折——第五套人民币毛泽东主席肖像原版雕刻进入攻关阶段，这是中华人民共和国成立后毛泽东主席头像首次独立成为人民币的正面主景。

在 100 元券完成竞标以后，印钞系统组织了 20 多位雕刻师，投入 20 元券、50 元券主席头像的竞争性创作，其中包括马荣。为了探索凹版雕刻人像适应新型印刷工艺的规律，马荣决定同时雕刻两块钢版。这意味着她要增加一倍的工作量。

3 个月里，她每天需要工作十三四个小时，常常早上倒的一杯开水，放到下班却一口没喝。工作中，马荣渐渐发现常年影响印钞质量的滋

钞票雕刻师马荣坐在一张特制的工作台前，台面上摆放着各式各样精巧的工具。在均匀柔和的灯光下，是一块如镜面一样明亮的钢版。钢版上是一幅以雕刻的点和线构成的人物肖像，凹下去的版纹闪烁着金属光泽。透过放大镜，一双明眸正在仔细观看着钢版，一只灵巧的手拿着雕刻刀。刀锋在钢版上跳跃着，精美的形象渐渐显现出来。

墨现象，可以通过雕刻版纹间隔线的方法，控制油墨流动性，提高钞票印刷质量。虽然这样做会增加雕刻难度，但她觉得创作一件高质量的雕刻作品更重要。

最终，马荣精益求精、精雕细琢的毛泽东主席头像钢凹版在众多竞标作品中夺冠，在 1999 年版 50 元券、20 元券、10 元券、5 元券、1 元券上得到应用，在第五套人民币上出神入化地展现了领袖风采。

精益求精，追求完美，是老师傅给马荣上的第一课

钞票原版手工雕刻在国际印钞领域是公认的高难度创作，培养一位合格的雕刻师需要10年以上的时间。不过，在马荣看来，钞票雕刻永远没有学成的时候。

1981年，马荣开始了手工钢凹版雕刻技艺的学习，师从我国第一位钞票女雕刻家赵亚芸。经过3次修改，马荣的处女作才通过了老师的检验。

雕刻师眼中的钞票有无穷的艺术奥妙，需要一刀一刀用心雕琢。练习雕刻技艺，不仅要忍受长时间伏案的艰辛劳作，更需要忍耐寂寞之苦。

这股韧劲一直支撑着马荣的雕刻创作，她用一点一线雕刻着自己的艺术人生。

耐得住寂寞，甘于奉献，是马荣从老师傅们身上学到的第二课

马荣与丈夫孔维云是北京印钞厂技校美术班的同学，一起考入中央美术学院，共同从事钞票凹版雕刻37年。

20世纪90年代，既有绘画、设计功底，又掌握雕刻、制版技艺的人在市场经济的浪潮中成为热门人才，同期进入设计室的同行，有的辞职、下海，有的转岗、改行，考验着马荣孔维云夫妇二人的定力。

那时，马荣创作的油画也成为法国收藏家喜爱的作品，孔维云的水粉画别具一格，但他们却选择坚守。

"钞票上的人像雕刻代表着国家形象，还有比这更能体现我们职业价值的吗？"说这句话时，马荣一脸荣耀。

马荣有一把她视如珍宝的雕刻刀。棕红色的刀把上，半圆形的正面由于无数次使用被手掌磨得油光；刀把的背面刻着一个"沈"字，这是第一位使用者的姓氏。此刀传至马荣时已有上百年的历史。

在马荣看来，这把雕刻刀不仅是一件工具，更代表着雕刻技艺和工匠精神的传承。

2017年7月，全国工会女职工风采展示活动在全总国际交流中心举行，马荣作为"大国工匠"参加。

2017 年 10 月 15 日，中央电视台《壮丽航程》——喜迎党的十九大胜利召开特别节目

孜孜以求的"终身成就"

2001 年，马荣从北京印钞厂调入中国印钞造币总公司设计制版中心。新组建的制版中心精英云集，这里引入和改进了钞票原版制作工艺，原版雕刻也随之改革，进入了计算机时代。在不惑之年，马荣又开始从头学习计算机基础知识。为尽快掌握计算机操作，马荣购买了当时算是价格昂贵的计算机，在家自学图形软件操作。单位引进了先进专业软件后，马荣已经可以从容操控计算机这个新事物了。

2005 年，马荣继续从事雕刻专业的同时，开始肩负为行业培养雕刻人才的任务。她创作了大量雕刻作品，并在第五套人民币 2005 年版、第 29 届奥林匹克运动会纪念钞、中国银行在香港发行的港钞、中国银行在澳门发行的澳钞和多张邮票创作中得到运用。她于 2005

年获得首批入选中国印钞造币行业专家人才库的殊荣。她凭借人像雕刻作品在 2011 年国际雕刻师作品展上获得了"国际级雕刻师"的高度评价，为国家争得了荣誉。

"我们拥有的是国家技艺。在钞票艺术的传承与创新中使凹版雕刻发扬光大，这就是我追求的'终身成就'。"

一颗匠心，永世流传

目前，我国仅有十几人从事人民币凹版雕刻工作。马荣是中国第四代钞票凹版雕刻师，她正在培养第五代接班人。随着人民币的国际化趋势加快，马荣和她的同事们又有了新的目标，为人民币的国际化之路尽一份力。

2017 年 3 月，马荣应邀赴意大利国际雕刻师学院进行为期两个月的讲学。556 年前，意大利人发明了雕刻金属凹版印刷法。100 年前，中国从国外引入了雕刻凹版印钞工艺。今天，一位中国女雕刻师远渡重洋，为来自世界各国的专家学者讲述中国钞票蕴含的东方文化。

在马荣讲学期间，国际钞票设计师协会（IBDA）和国际钞票雕刻师学院（IEA）在意大利的乌尔比诺国际钞票雕刻师学院举办了为期四天的"中国钞票主题周"和为期两周的"中国钞票凹版雕刻艺术家马荣作品展"。这是 IBDA 和 IEA 代表国际印钞界首次举办以一个国家的钞票创作为主题的学术论坛，中国是第一个受邀成为进行主题周活动主角的国家。

马荣携作品亮相意大利，成为了第一位在国际上开展主题学术演讲和举办个人雕刻作品展的中国钞票艺术家。

3月20日清晨，国际钞票设计师协会主席马克·史蒂文森宣布"中国钞票主题周"学术论坛开始，马荣在开幕式上作了《中国钞票原版雕刻艺术》的精彩演讲。

在随后的四天时间里，她以《一个中国雕刻师的成长》《国际化雕刻语言》《中国钞票原版雕刻的未来》等为主题发表了四场雕刻艺术演讲，并四次在"我的雕刻教学"专题学术讨论中发言。她提出的"凹版雕刻形神兼备、虚实相间、精细为本、层次丰富"的艺术观点，引起了欧洲印钞界和多个国家钞票创作人员对中国钞票文化的极大兴趣。他们赞叹中国钞票原版雕刻取得的成就，对马荣在雕刻学习和成长方面所付出的努力表示钦佩。

马克·史蒂文森主席评价道："马荣女士的演讲太精彩了，这是我看到过的最为精彩的演讲，这是我发自内心的、真实的感受。"

IBDA、IEA委员会、IEA学员以及国际凹印雕刻界全体，特授予马荣"凹印雕刻终身成就奖"，并感谢马荣将个人学识与技艺传授给年青一代的雕刻师。

从高薪引进外国人才到马荣走向世界舞台，中国钞票凹版雕刻走过了一段不凡历程。马荣

的身后，浓缩了中国几代钞票雕刻师发愤图强的身影。未来，人民币国际化进程任重而道远，马荣和她的同事们将不忘初心，继往开来。

马荣与国际钞票设计师协会主席马克·史蒂文森先生

马荣与国际雕刻师学院院长吉奥利先生

手工雕刻钢凹版技术

　　手工雕刻钢凹版技术，是一项集绘画艺术和雕刻技艺于一身的、难度非常大的印刷技术。采用钢凹版印制的纸币，线条清晰、立体感强、层次分明，难以复制，易于识别，具有独特的艺术效果和防伪功能。

　　手工雕刻钢凹版，就是雕刻师在钢版上雕刻出深深浅浅、粗细不一的、长短不同的点和线。要雕刻出一块精致的钢凹版，不仅需要雕刻师有深厚的美术功底，还需要有坚韧不拔的毅力和娴熟的雕刻技法，一个点、一条线地去精雕细刻，有时一个点或线要刻十几次才能完成。雕刻过程中不能出现一点错误，一旦刻错，

这块版就废了，前功尽弃。

　　钞票凹版印刷之所以具有独特的防伪功效，就是因为手工雕刻凹版是很难仿制的。不仅别人难以仿造，就是雕刻师本人也难以雕刻出一模一样、纹丝不差的同一块凹版来。

　　雕刻师用点线勾画各种形象，利用其深浅、疏密来表现景物的远近、空间、层次和立体效果；利用线的弧度、角度和点的形态变化，表现景物或光洁、或粗糙、或刚强、或柔美的质感。

　　具体来讲，直线可以表现光洁，顿挫线可以表现力度，交叉线可以表现层次，均匀线可以表现静止，跳跃线可以表现运动，流畅线可

以表现速度，渐变线可以表现空间，弧线可以
表现张力，曲线可以表现柔美，乱线可以表现
噪声，平线可以表现幽静……

　　一名优秀的凹版雕刻师，具有非凡的点
线组合能力，以线的粗细表现景物的明暗对比，
用线的疏密表现物体之间的远近关系，用线的
长短表现画面的动静变化，用点线构造出变化
无穷的精美画面。

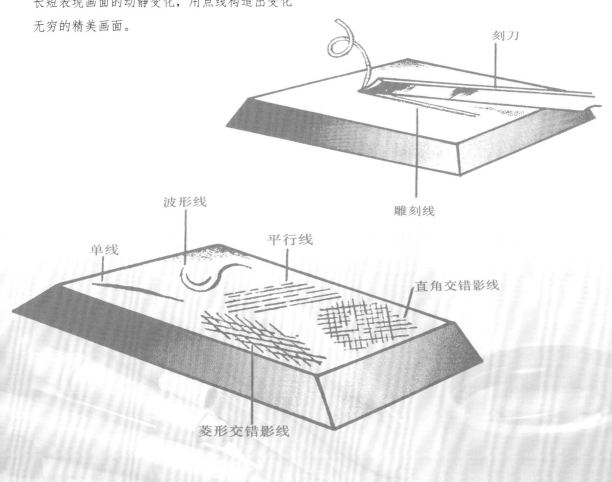

刻刀

雕刻线

波形线

平行线

单线

直角交错影线

菱形交错影线

034

手工雕刻人像钢凹版工艺流程

① 收集素材与图稿创作

② 绘制放大尺寸素描稿

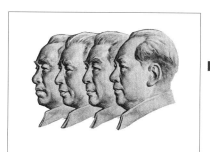

⑤ 玻璃纸轮廓转移到钢版

⑥ 上蜡　针刻　腐蚀　排线刀刻

③ 按原版尺寸勾玻璃纸轮廓线

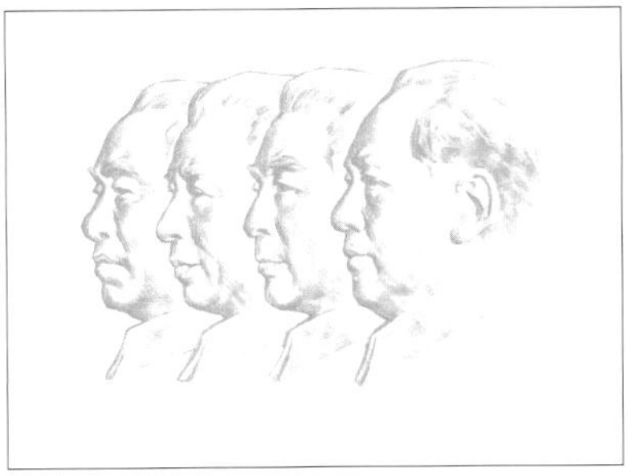

④ 打磨雕刻钢版

⑦ 手工钢版雕刻　打样修整

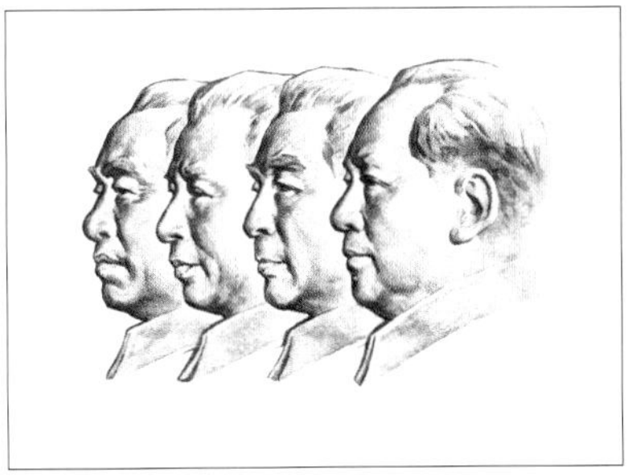

⑧ 原版完成

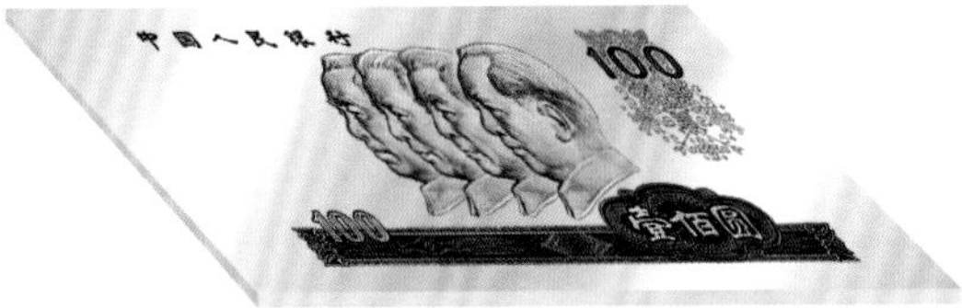

百年凹雕　匠心传世

——中国钞票凹版雕刻百年烟云

　　展开一张纸币，最引人注目的，一定是凹版雕刻的精美主景。这一有着几百年历史的古老技艺，至今依然占据各国钞票技术的主流地位。

蜡液引出的印钞变革

　　公元1460年的一个晚上，一位名叫腓尼格拉的意大利金属雕刻匠不小心将蜡液滴落在金属雕版上。第二天，去除版上的凝固蜡膜时，他突发灵感，尝试用颜料代替蜡液，从而得到了具有手感的花纹。据说，这就是铜版画的起源。

　　15世纪，铜版画成为西方一种独立艺术门类。特别在丢勒、伦勃朗、雷诺阿等艺术大师的不断探索下，铜版画技法逐步成熟，得以广泛应用。米开朗基罗、拉菲尔、鲁本斯等巨匠的经典绘画作品，就曾以凹版雕刻的形式大量复制。

由于凹版雕刻艺术精致华丽，并且难以复制，17世纪中叶，瑞典斯德哥尔摩银行首先尝试在钞票上使用铜凹版雕刻技术（另有一说是德国萨克森地区发行的钞票首先运用铜凹版）。18世纪末，奥地利银行发行的钞票则第一次尝试钢凹版印刷技术。西方钞票从此进入了以凹版雕刻为主流的新时期。

时至今日，凹版雕刻仍是世界各国印钞的必选工艺，甚至在印钞界有着"无凹不成钞"的说法。腓尼格拉一定想不到，他的一滴蜡液，竟然成就了一场印钞技术的变革。

《美国钞票雕刻艺术家海趣》　手工雕刻：吴锦棠

凹版雕刻踏上古老大地

印刷术是中国古代文明对世界的贡献。现存于大英博物馆的《金刚经》，是目前存留于世的最早的印刷品，距今已近1200年。

《金刚经》采用的雕版印刷技术，是将字在木板上直接雕刻成凸版，刷上墨，再转印到纸上。这是中国古代普遍使用的印刷方法。宋朝纸币以及此后各朝代的钞票，不论是木雕版，还是铜、锡、铁等金属铸版，均是沿袭这种印刷原理。

印刷术诞生于中国，但当我们还在手工一张一张拓印时，西方印刷技术已然发生变化。

明万历年间，意大利传教士利玛窦携带具有宗教色彩的铜版画来到中国，使中国人第一次领略了金属凹版雕刻的艺术魅力。清乾隆年间，皇帝令传教士、宫廷画家郎世宁及一些西

中国印钞造币博物馆场景复原：
美国雕刻艺术家海趣指导中国技工学习凹版雕刻技术（蜡像）

方画家绘制铜版画。题名为《平定准噶尔伊犁回部得胜图》的十六幅组画，历时七年制作，最后在法国雕刻印刷。这套铜版画场面宏大、雕刻精细，呈现出极高的艺术水准。

凹版雕刻印刷品在当时仅流行于宫廷及特定阶层，并未成为独立的艺术门类，更没有在钞票上有所表现。即便如此，凹版雕刻还是一路风尘，踏入了这个东方古国。

惊艳登场的凹版钞票

19 世纪中叶，帝国主义列强入侵中国，清政府被迫开放门户，外国银行开始在中国境内开展经营活动。1853 年，英国渣打银行首先在中国发行采用凹版雕刻工艺印刷的纸币。

1897 年，商务印书馆在上海成立，为中国通商银行印制了第一张铜凹版钞票，开辟了中国企业运用凹版雕刻印制钞票的先例，培养了以沈逢吉为代表的一批铜凹版雕刻师，他们此后成为中国凹版雕刻的重要力量之一。

20 世纪初，面对币制不统一、外国资本侵入、白银外流等困境，清政府接受了革新派人士"统一圜法、挽回利权"的主张，并于 1906 年至 1907 年派官员出访日本、美国考察纸币印刷事宜。

当时世界的印钞业，凹版印钞技术最为先进，而凹版印钞的核心技术就是雕刻凹版。雕刻凹版技艺有两种，一种是以日本为代表的铜

凹版技艺，另一种是以美国为代表的钢凹版技艺。两种技艺相比，钢板比铜板坚硬，钢凹版的质地坚实、版纹细密、层次分明、印版耐印，印出的产品线条清晰、墨层厚实，对人头像和风景画有独特的艺术表现力，而且不易仿造，具有良好的防伪功能。

1908 年，清政府确定以美国美京国立印刷局的规模和水平，建设中国的官方印钞厂——度支部印刷局。高薪聘请美国凹版雕刻师海趣、格兰特等人来中国传授手工雕刻钢凹版印钞技术。并引进美国成套印钞设备，拉开了钢凹版雕刻技术在中国传承的序幕。

在度支部印刷局，海趣雕刻了钢凹版的大清银行兑换券（飞龙版），共有 1 元、5 元、10 元、100 元四个券别。庄重精美的票面、栩栩如生的人像、层次丰富的景物，展现出手工凹版雕刻艺术的典型特征。然而，随着辛亥革命的爆发，清政府轰然倒台，这套高品质的钞票并未能发行。

虽然度支部印刷局没有完成印制钞票的使命，但却为中国印钞业留下了宝贵遗产：其一，它标志着我国钢凹版印钞时代的开始；其二，它是清晚中国规模最大、设备最先进的印钞企业，为日后人民币的生产保留了中坚力量；其三，海趣培养了中国第一代钢凹版雕刻师，三十多年后，他们成为中国钢凹版雕刻领域的风云人物。

中国第一套手工钢凹版钞票——大清银行兑换券（1911 年印刷） 设计雕刻：海趣

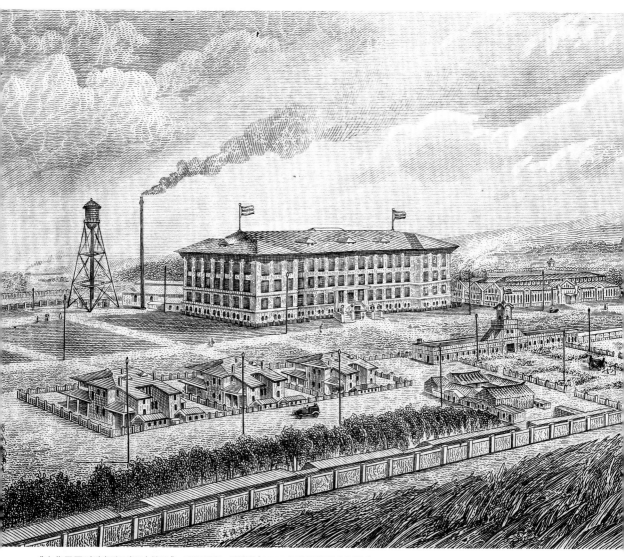

《中华民国财政部印刷局大楼景》 手工雕刻: 吴锦棠(1915 年获国际巴拿马奖)

中国近代第一家国家印钞厂

● 1908 年 6 月 1 日，度支部印刷局建筑工程动工。占地面积 24 万多平方米。由美国米拉奔公司设计绘图，日商华胜公司承建，美国老旗昌洋行负责机器设备的采购与安装，耗资白银 110 万两。

● 1912 年，中华民国建立，度支部印刷局改称财政部印刷局。

● 1915 年，刘尔嘉、吴锦棠等人雕刻的钢凹版印刷品参加巴拿马国际物品赛会获奖。

● 1937 年 8 月， 印刷局被日伪侵占后更名为临时政府行政委员会印刷局。

● 1945 年 8 月，日本无条件投降，中央印制厂总管理处接收了印刷局，改组为中央印制厂北平厂。

● 1949 年 1 月 31 日，北平和平解放。2 月初，华北人民政府主席董必武来厂视察，为厂取名为中国人民印刷厂。

● 1950 年 3 月，经中国人民银行批准，中国人民印刷厂更名为北京人民印刷厂。

● 1955 年 1 月 1 日，启用国营五四一厂厂名。

● 1988 年 7 月 1 日，正式启用北京印钞厂为第二厂名。国营五四一厂为第一厂名，北京人民印刷厂为第三厂名。

● 2008 年 3 月，北京印钞厂更名为北京印钞有限公司。

引进世界最先进的钢凹版印钞技术

清政府重金聘请了美国享有威望的雕刻家和画家海趣、手工雕刻技师格兰特、机器雕刻技师基理弗爱、花纹机器雕刻技师狄克生、过版技师司脱克、监造技师韩德森等人并签订合约：

海趣：雕刻钢版主任，合同6年，月薪1250美元（约合银元3000元），1908年7月15日签约，同年12月15日到局。

格兰特：雕刻钢版助手，合同6年，月薪416.66美元（约合银元1000元），1908年7月15日签约，同年12月15日到局。

司脱克：机械过版技师，合同3年，月薪375美元（约合银元800元），1909年3月13日签约，同年7月1日到局。

韩德森：监造建筑工程师，月薪200美元（约合银元480元），1909年6月24日到局。

财政部印刷局钢版科雕刻工作场景

地纹花边机

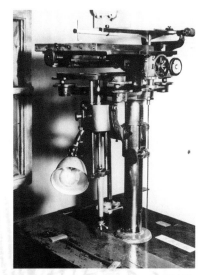

单针缩刻机

重金购置了成套的凹版印钞设备,部分机器价格如下:

万能花纹机:12500 美元（约合银元 36000 元）

过 版 机:8000 美元（约合银元 19200 元）

地纹缩刻机:2450 美元（约合银元 5900 元）

地纹花边机:2150 美元（约合银元 5200 元）

平行平推划线机:750 美元（约合银元 1800 元）

凹印机（2 台）:每台 6000 美元（约合银元 14400 元）

同时还从国内购置了部分设备:

铅印机:银元 950 元

车床:银元 600 元

手搬凹印机:银元 300 元

压力机（3 台）:每台银元 90 元

同时引进的还有打样机、试印机等。

过版机

苦耕不辍的民国凹版钞票雕刻

北洋政府时期，中国银行业进入了一个爆发时期，各种钞票并行，但中国印钞企业却难有作为。有实力的银行大多委托美、英等国生产钞票。美国钞票公司、英国的华德路和德纳罗等印钞企业几乎垄断了中国的钞票生产。即便如此，中国凹版雕刻师仍在夹缝中苦耕不辍，并赢得尊重。

1912年成立的中华书局，招募本土雕刻师，引进先进的凹印机，苦心经营并在中国钞票制作领域赢得了一席之地。

1914年，在格兰特的指导下，以吴锦棠、阎锡麟、毕辰年、李浦四位技术人员为主，雕刻完成了殖边银行兑换券。这是我国雕刻师第一次独立制作的钢凹版钞票。

殖边银行兑换券的诞生，标志着我国第一代钢凹版雕刻师的形成，当时处于世界先进行列的印钞设备、印钞生产工艺技术，已然被中国钞票印制工作者们掌握。熟练用雕刻钢凹版技术印制钞票，昭示着中国已经凭借自身的实力迈入近现代印钞时代。

殖边银行兑换券伍圆券

殖边银行兑换券拾圆券

1921 年，上海商务印书馆聘请美国印刷专家海林格来馆教授美术照相平版术。

这是培训结业时的合影。坐在海林格（一排左三）旁边的两名年轻人——糜文溶（一排左四）时任商务印书馆照相制版部部长，柳溥庆（一排左二）时任商务印书馆照相制版部副部长，日后成为中国现代印刷和印钞技术专家，为提高钞票的凹版印制水平作出了突出贡献。2009 年，柳溥庆被我国新闻出版印刷界评选为 22 名"新中国 60 年杰出出版家"之一。

这张珍贵的照片，是由原中国人民银行印制管理局第一任总工程师柳溥庆的子女提供。照片上"1933 年中国印刷学会会员合影"是柳溥庆的手迹。

照片上柳溥庆、柳培庆兄弟两人和印刷专家糜文溶、凹版雕刻家沈逢吉并肩而立，《中国印钞通史》记载了他们对中国印钞所作出的杰出贡献。

沈逢吉被誉为中国铜凹版雕刻的一代宗师。1909 年，他考入商务印书馆专攻凹版雕刻。1912 年赴日本随著名雕刻家细贝为次郎学习凹版雕刻技术和钞券制版的电镀技术。1918 年回国后，被北京财政部印刷局聘为雕刻部长，培养了柳培庆、唐霖坤等知名雕刻师。1922 年回上海任中华书局的雕刻主管，培养了赵俊、孔绍惠、刘为祥等著名雕刻家。抗战时期，柳溥庆、柳培庆冒着生命危险为新四军江淮银行筹建印钞厂和设计雕刻钞版。

前排：印刷专家柳溥庆（左二），印刷专家糜文溶（左三），雕刻家沈逢吉（左四），雕刻家柳培庆（左五）

抗日战争爆发后，由于外国生产的钞票无法及时运抵中国，国民政府中央信托局开始筹建重庆印刷厂。原商务印书馆和中华书局的雕刻师汇集于此，开始了抗战时期的钞票印制。原商务印书馆雕刻师华维寿、中华书局雕刻师赵俊是其中的主力。他们雕刻的孙中山头像使用在十余种钞券上，其雕刻水准可与国外一流钞票雕刻师刀下的人像媲美。

抗战胜利后，以中央印制厂为代表的凹版雕刻师，活跃在各类钞券生产的舞台上。虽然外国印钞公司还能分得一杯羹，但中国雕刻师已足以与他们分庭抗礼。

《孙中山头像》 雕刻：华维寿

《复兴关》 雕刻：华维寿

1941 年，在日军的狂轰滥炸中，中央信托局重庆印刷厂开始了钞券生产。当时，重庆印刷厂集中了华维寿、赵俊、鞠文俊、周永麟等一批我国一流的钞券雕刻师。

"复兴关"是抗日战争时期法币特有的一个钞票系列。这张钞票的主景图案取自重庆一个山隘"复兴关"。"复兴关"原名"佛图关"，为表示"驱逐倭寇，光复中华"的决心，改名为"复兴关"。印刷厂将"复兴关"作为新版钞票的主景图案，顺应了当时我国民众抗日激情的需求。从这个意义上讲，"复兴关"烙上了抗日救亡的深深印迹。

"复兴关"的雕刻印制精良。"复兴关"伍仟圆券票面主题鲜明、端庄大气。票面正面左边为象征以农立国的稻穗，右边为寓意华夏风骨的梅花装饰，右左上下角的图饰，突破以往对称的格局，显得非常灵动。华维寿、赵俊精心镌刻，胶凹套印丰富，堪称抗日战争时期国内钞票印刷中的经典。

人民币上的凹版雕刻艺术

1949 年 10 月 1 日新中国成立，中国人民银行印制管理局明确提出"以凹印为主，按计划生产"的方针。1950 年 3 月，中国人民银行行长南汉宸、副行长胡景沄召集各印钞厂厂长，专门就按计划生产货币以及设计印制新币问题进行研究商议，决定将凹版印刷作为人民币防伪的重要技术手段。从此，凹版雕刻技艺进入一个新的发展时期。

尽管第一套人民币由于战争时期的特殊历史背景，其凹版雕刻水平稍嫌不足，但部分品种仍不乏上乘之作。从第二套人民币起，在美术专家的加盟下，凹版雕刻技艺得到了很大的提升。吴彭越、林文艺、华维寿、鞠文俊等一批雕刻师的担纲，使该套人民币具备了相当高的艺术水平。

第三套人民币的雕刻制作团队近 40 人。这批雕刻师以纯熟的技艺，将我国凹版雕刻水平推向一个新高度。其中吴彭越的《炼钢工人》和鞠文俊的《天山放牧图》享誉国际印钞界，成为中国钞票凹版雕刻史上不可多得的珍品。

在第四套人民币的设计制作过程中，苏席华、高振宇、宋凡等老一代雕刻师发挥了重要作用，徐永才、吴依正、花瑞松等一批中青年雕刻师开始崭露头角。新生力量的加入，让我国凹版雕刻枝繁叶茂，将人民币印制技艺推向一个新天地。

第五套人民币是中国凹版雕刻技艺的集大成者。徐永才、马荣雕刻的毛泽东主席头像，吴依正、花瑞松等人雕刻的名山大川，代表着中国凹版雕刻的新境界。

新中国成立近 70 年来，人民币作为"国家名片"，向世界展示我国经济发展成果和民族文化的形象，一代代雕刻师坚守着"精益求精、追求极致"的工匠精神，一刀一针在钢版上雕刻出人民币的发展历史，让中国凹版雕刻技艺在世界舞台上大放异彩。

第一套人民币 5000 元券

第五套人民币 100 元券

第四套人民币 50 元券

第三套人民币 10 元券

第二套人民币 5 元券

北京印钞有限公司钢版雕刻薪火相传

北钞公司设计雕刻室，在 20 世纪 50 年代深藏于主楼三层西侧，门口写着"工作重地"的字样，那是没有特殊许可证任何人都不能进入的地方。

北京印钞有限公司工会原主席李林在文章中写道：当撩开它神秘的面纱之后，人们惊喜地发现，百余年间，那里正是我国钢版雕刻、凹版印刷钞票的发祥之地，也是能人荟萃、薪火相传、藏龙卧虎之地。

20 世纪初，清政府为了实现印钞技术跨越式的发展，不惜重金，从国外引进钢版雕刻、凹版印刷新工艺，聘请美国一流钢版雕刻师海趣等人来华传授技艺。当时的青年才俊吴锦棠、毕辰年、阎锡麟、李浦等人风华正茂，有幸在海趣等专家门下学艺，并责无旁贷地担起把老师的技艺尽快"拿过来"的历史重任。他们如饥似渴地学习素描、版画、油画，进行写生和临摹伏案雕刻，久久为功。

几年之后，奇迹出现了。1914 年我国第一代设计雕刻人员自行雕刻印制出钞票殖边银行兑换券，次年在巴拿马国际物品赛会上钢版雕刻作品又获得特等奖，写下中国近代印钞史上亮丽的一笔，大长中国人的志气！

1949 年中华人民共和国成立，我国印钞业迎来了前所未有的蓬勃生机。高振宇、宋凡、赵亚芸等又一批新生力量拜在老一代设计雕刻人员的门下，使得钢版雕刻技术不断发扬光大。

几十年来，这里先后涌现出：在延安时期雕刻边区政府钞票而荣获"劳动模范"称号并受到毛主席的接见，解放后又回到北钞设计室，成功地研究出"黑白线图案""暗花图案"等防伪技术的老专家商伯衡；参与组织了第一套至第四套人民币的设计雕刻工作，退休后仍撰写工艺技术材料的设计室老主任张作栋；荣获我国印刷界最高奖项"毕昇印刷奖"的雕刻大家吴彭越；创作了传世经典《周恩来》《天山放牧》的雕刻大师鞠文俊；一代宗师徐悲鸿先生的学生、中央美术学院毕业后投身钞票设计的刘延年、贾鸿勋；多才多艺，为加速培养新人，研发"事半功倍"的手工钢版雕刻技法的宋凡；尝试在钢版上雕刻绘制中国古代名画、拓展雕刻凹印艺术领域的高振宇；被誉为新中国第一代钞票女雕刻家的赵亚芸；雕刻包括《毛泽东、周恩来、刘少奇、朱德四位领袖浮雕像》在内的第四套人民币多个主景图案的苏席华；才华横溢、英年早逝的雕刻师吴依正；被央视热播

"百年北钞"纪念券正面 钟鼓楼设计雕刻：马荣

的大国工匠——马荣；至今仍在海趣用过的放大镜下刀耕不辍的刘大东……还有许多有温度的名字、许多可歌可泣的故事，时常在业内外人士的言谈话语中传颂。

钢版雕刻技术在一代一代雕刻人员中薪火相传，他们既八仙过海，又互帮互学，促进了雕刻技艺不断进步。

他们的身上体现了求新求美求精的工匠精神。当代印制人以印制高质量的人民币为己任，努力把"国家名片"印成庄重、亮丽、防伪而又让人们喜闻乐见的特殊产品。

雕刻技术人员把对祖国的大爱深情与工匠精神交融在一起，倾注在笔端刀尖，夜以继日地在放大镜下，用无数个点、无数条线，经过精心设计、巧妙组合，鬼斧神工般地镌刻着人民币的原版。这不仅为保证国家货币发行创造了前提条件，也为中华货币文化宝库增添了璀璨的艺术珍品。

一位资深的雕刻师说过：人民币的艺术之美，是所有参与者的智慧、心血、汗水叠印而成的。这句话富有诗意，也蕴含哲理，它强调"所有参与者"，完全符合实际。

上海印钞有限公司雕刻技艺继往开来

1945 年抗战胜利之后，上海印钞公司涌现出一批优秀的雕刻人员，许多作品在中国货币雕刻史上占有重要的地位。

华维寿、赵俊等雕刻师，在民国钞票上雕刻制作的《复兴关》系列钞券、《孙中山》券，代表着那个时期中国钞券雕刻的最高技艺水准。

上海印钞厂的前身经历了多次变化，厂名数次更迭，中华人民共和国成立后，这家企业先后更名"上海人民印刷厂"、"国营五四二厂"、"上海印钞厂"。2008 年 3 月 13 日，改名为"上海印钞有限公司"。

在七十多年的发展中，在人民币印制历史上，上海印钞公司同样是中国印钞行业最重要的企业之一。上海印钞公司是设计、雕刻、生产第一套人民币券种最多的企业。翟英、周永麟、达世银等人雕刻制作的《工人与农民形象》《红船》《钱塘江》《骆驼队》《收割机》等凹版雕刻主景作品，成为第一套人民币中的知名券种，广受社会的瞩目。在第四套、第五套人民币的雕刻中，徐永才、花瑞松、赵启明等雕刻师，以他们精湛的技艺，为大众献上一个个经典的人民币图案。人们熟悉的第四套人民

从左到右

李　斌　花瑞松　周永麟
赵启明　颜　辉　华景云
杨渭淼　陈茂兰　徐永才
达世银　谭云观　曹林根
郑书强　刘梅琴　柴学娣
顾敏康　翟　英

"上海印钞有限公司成立七十周年"纪念券　雕刻：鲁琴珍

币上 1 元、2 元、5 元券少数民族头像，第五套人民币 100 元券（1999 年版、2005 年版）上的毛泽东主席头像，成为我国钞券人像雕刻极具价值的精品。第四套、第五套人民币上的《长城》《三峡》《布达拉宫》《人民大会堂》等主景图的艺术品质，则体现出这批雕刻师们在景物雕刻技艺上的一流水准。共和国第一张纪念钞——"庆祝中华人民共和国成立 50 周年"纪念钞，在人民币雕刻史上别具一格。它正是上海印钞公司雕刻团队的倾心之作，全方位展示出凹版雕刻艺术的迷人魅力。

1949 年 10 月 1 日，上海人民印刷厂职工上街参加庆祝中华人民共和国成立游行。

天翻地覆慨而慷

　　1948 年 12 月 1 日，第一套人民币在解放战争节节胜利的隆隆炮声中发行面世。

　　当解放区不断扩大，当新生的共和国即将诞生，货币统一势在必行。诞生于从战争走向和平的特殊历史时期的第一套人民币，有着战时性、临时性、过渡性的鲜明特征，它支持了解放大军走向全中国，支撑了国民经济的恢复，跨出了建立共和国货币体系的第一步。

　　特殊的历史背景，使这套钞票真实而自然地展现了整个时代的背景。它拥有人民币历史上最多的版别和最丰富的主题，凹版雕刻采用了铜版雕刻和钢版雕刻两种工艺。

　　它用最朴实的点和线组成票面，传递时代特征，彰显了中华民族励精图治、发愤图强的奋斗精神！

056

创造性与时代性的历史写真
——第一套人民币雕刻概述

1948 年 12 月 1 日，中国人民银行在河北省石家庄市宣告成立，当天发行第一套人民币 50 元券、20 元券和 10 元券三种票券。第一套人民币，共有 62 种版别，其中 1 元券 2 种、5 元券 4 种、10 元券 4 种、20 元券 7 种、50 元券 7 种、100 元券 10 种、200 元券 5 种、500 元券 6 种、1000 元券 6 种、5000 元券 5 种、10000 元券 4 种、50000 元券 2 种。

"一切为了解放战争的胜利，解放军打到哪里，人民币就供应到哪里。"中国人民银行为支援大军南下，组织解放区的印刷厂加班加点、通宵达旦、马不停蹄印制人民币。

第一套人民币雕刻分为两个阶段，第一个阶段是 1948 年至 1949 年，中国人民银行第一、第二、第三印刷局和直属厂等解放区印钞厂设计印制的人民币产品。第二个阶段是 1949 年至 1953 年，天津、北京、上海、武汉、重庆等军事接管大城市印钞厂设计印制的人民币产品。其中雕刻凹印产品主要由北京印钞公司、上海印钞公司印制。

第一套人民币的主要设计雕刻人员有王益久、沈乃镛、吴锦棠、商伯衡、吴彭越、林文艺、张作栋、刘观润、武治章、华维寿、鞠文俊、翟英、杨琦、周永麟等数十人。

第一套人民币的发行，保证了解放战争胜利进军的需要，保证了国民经济的恢复与发展，标志着一个独立自主、统一稳定的货币制度建立。

華北人民政府佈告　全字第四號

為適應國民經濟建設之需要，特商得山東省政府、陝甘寧晉綏兩邊區政府同意，統一華北、華東、西北三區貨幣，決定：

一、華北銀行、北海銀行、西北農民銀行合併為中國人民銀行，以原華北銀行為總行，所有三行發行之貨幣，又其對外之一切債權債務，均由中國人民銀行負責承受。

二、於本年十二月一日起，發行中國人民銀行鈔票（下稱新幣）定為華北、華東、西北三區的本位貨幣，統一流通。所有公私款項收付又一切交易，均以新幣為本位貨幣。新幣發行之後，舊幣（包括魯西幣、邊幣、北海幣、西農幣（下稱舊幣）逐漸收回。舊幣未收回之前，舊幣與新幣固定比價，照舊幣流通，不得拒用。新舊幣比價規定如下：

（一）新幣對冀幣、北海幣均為一比一百，即中國人民銀行鈔票一元等於冀南銀行鈔票或北海銀行鈔票一百元。

（二）新幣對邊幣為一比二千，即中國人民銀行鈔票一元等於晉察冀邊區銀行鈔票一千元。

（三）新幣對西農幣為一比二十，即中國人民銀行鈔票一元等於西北農民銀行鈔票二十元。

以上規定，望我華北人等一體遵行。如有拒絕使用，或私定比價，投機取巧，擾亂金融者，一經查獲，定予嚴懲不貸。切切。

此佈

主席　董必武
副主席　薄一波
藍公武
楊秀峯

中華民國三十七年十二月一日

第一套人民币发行公告

人民币从这里走来

——参加印制人民币的企业

　　1948 年 12 月 1 日，中国人民银行遵照华北人民政府的指示，发布了第一号发行人民币的通告。通告内容如下："本行于本年十二月一日发行伍拾圆、贰拾圆、拾圆三种票券"，公布了票券样式和文字说明。

印制：中国人民银行第一印刷局

第一套人民币 50 元券　正面：底纹浅蓝色，花边高粱红色，图景黑色，中间花符浅紫色。正上方有"中国人民银行"，中间有"伍拾圆"，底边中间有"中华民国三十七年"等正楷字样，左边为"水车"，右边为"煤矿"等图景。

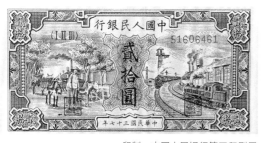

印制：中国人民银行第三印刷局

第一套人民币 20 元券　正面：底纹为浅蓝色，花边及图景黑茶色，中间花符青黄色，正上方有"中国人民银行"，中间有"贰拾圆"，底边中间有"中华民国三十七年"等正楷字样，左边为"农夫送肥"，右边为"火车站"等图景。

印制：中国人民银行直属厂

第一套人民币 10 元券　正面：底纹葱绿色，花边老绿色，图景黑色。正上方有"中国人民银行"，中间有"拾圆"，底边中间有"中华民国三十七年"等正楷字样，左边为"灌田"，右边为"厂矿"等图景。

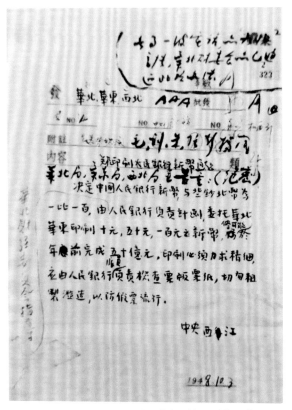

周恩来起草的中共中央关于印制新币指示

人民币，是在人民解放战争转入战略反攻，华北、西北、华东解放区逐步连成一片，在统一晋察冀边区银行币、冀南银行币、陕甘宁边区银行币、西北农民银行币、北海银行币等各革命根据地货币的基础上应运而生的。

1947年7月，中共中央发出了《关于成立华北财经办事处及任命董必武为主任的决定》，着手为筹建全解放区统一的银行和发行统一的货币作准备。同年10月，南汉宸请董

必武用毛笔书写了"中国人民银行"行名和大写的"壹贰叁肆伍陆柒捌玖拾"、小写的"1234567890"、"中华民国"等票面文字，交给了晋察冀边区印刷局（1948年12月更名为中国人民银行第一印刷局）局长王文焕、副局长贺晓初，组织具有丰富设计雕刻经验的王益久、沈乃镛设计人民币票样。同年12月，董必武电请东北局代为设计印制人民币。

1948年10月3日，中共中央发出关于印制新币问题的指示："决定中国人民银行新币委托华北、华东印刷10元、50元、100元的新币，尽可能于年前完成50亿元。"要求"印刷必须力求精细，应由人民银行派员负责检查票版票纸，切勿粗制滥造，以防假票流行"。

11月，首批人民币刚刚印出，董必武和南汉宸立即带上票样到西柏坡，送毛泽东审阅。毛泽东看着崭新的人民币十分兴奋，高兴地说："人民有了自己的武装，有了自己的政权，现在又有了自己的银行和货币，这才真正是人民当家做主！"

从1948年至1949年12月，参加第一套人民币62种版别设计印制任务的企业先后有二十多家。

1．中国人民银行第一印刷局（河北阜平），印制了2种版别。1949年11月搬迁北京，与中国人民印刷厂合并，第一印刷局局长贺晓初任厂长。

第一套人民币 1000 元券《秋收》正面 印制：天津人民印刷厂

2．中国人民银行第二印刷局（河北涉县），印制了 2 种版别。1949 年 11 月搬迁天津，与天津人民印刷厂合并。第二印刷局局长张子重任厂长。

3．中国人民银行第三印刷局（山东临朐、济南），印制了 6 种版别。1949 年 11 月搬迁上海，与上海人民印刷厂合并。第三印刷局局长杨秉超任厂长。

4．中国人民银行直属印刷厂（石家庄市），印制了 2 种版别。1949 年 11 月迁往北京，与中国人民印刷厂合并。

5．东北银行工业处（包括佳木斯印刷厂、沈阳造币厂等）先后印制了 8 种版别。1949 年 10 月，佳木斯印刷厂合并到沈阳造币厂。1953 年更名为沈阳人民造币厂。2009 年改制为沈阳造币有限公司。

6．天津人民印刷厂，印制了 6 种版别。

7．中国人民印刷厂（现北京印钞有限公司），印制了 14 个版别。

8．上海人民印刷厂（现上海印钞有限公司），印制了 15 个版别。

9．汉口人民印刷厂（武汉），印制了 4 种版别。

10．光华印刷厂（延安），1948 年 10 月开始印制人民币，印制了 1 种版别。1949 年 5 月，奉命结束搬迁西安。

11．苏北印钞厂（江苏射阳），印制了 1 种版别。1949 年 5 月搬迁到上海，成立了人民印刷三厂。1949 年 11 月与上海人民印刷厂合并。

12．重庆人民印刷厂，1949 年 12 月至 1950 年 1 月印制了 1 个品种。

另外，1949 年 2 月至 1950 年 1 月，在第一套人民币印制任务特别繁重的情况下，北京印钞厂报经中国人民银行总行和市军管会批准，委托当时的长城印刷厂、大新印刷厂、国家测绘局印刷厂临时赶印人民币，由印钞厂提供印版、纸张、油墨并派人监制，解放军派了 3 个班分别对这 3 个厂实行"军事接管印刷"，各厂印出半成品，再押运回印钞厂加印冠字号码，封装完成。上海印钞厂也采取同样方式，委托中华书局印刷厂、京华印刷厂、大业印刷厂、三一印刷厂、大东印刷一厂及二厂 6 家印刷厂为特约协作厂。

1949 年 12 月，政务院批准成立中国人民银行印制管理局，对全国印钞造币企业进行直接领导和统一管理。原晋察冀边区印刷局局长、华北银行发行处处长王文焕任中国人民银行印制管理局局长。

1950 年 3 月，中国人民银行行长南汉宸、副行长胡景沄召集各印钞厂长会议，确定了人民币以"凹印为主、按计划生产"的工作方针，停止了特约厂承印人民币，精简印钞企业和人员，仅保留北京、上海、天津、沈阳 4 家印钞厂。中国人民银行印制管理局组织各印钞厂设计、雕刻、制版、印刷等印钞相关专业的优秀人才集中到北京印钞公司，开始设计研制新版人民币。

第一套人民币 500 元券《耕地》正面 印制 : 汉口人民印刷厂

第一套人民币 1000 元券《运煤、耕田》正面 印制 : 沈阳造币厂

北平厂日夜印制人民币

1945年8月，抗战胜利后，国民党政府中央印制厂总管理处接管了日伪印刷局（北京印钞有限公司前身），改组为"中央印制厂北平厂"。

1945年12月，中央印制厂总管理处密令关闭北平厂，强令裁掉了700余人，欲将重要机器设备拆卸"南迁上海"。1946年6月11日，又强行裁减1297人。1948年9月1日，总管理处突然宣布"停办北平厂、遣散全部员工"的通令，立即遭到厂第三届工会和全厂员工的反对。在工人奋力斗争及北平各界舆论的压力下，总管理处最后让步保留北平厂，但又裁减员工三分之二。经过三次裁员，到1948年11月全厂员工仅剩426人。工厂完全停业，工人停薪。当时通货膨胀，物价飞涨，使工人们的生活陷入饥寒交迫的困境。

1949年1月31日，北平和平解放，中国人民银行军管人员随身携带着人民币钞票原版，接管了北平厂，当天便发动职工利用现有设备开工印制人民币。

绝处逢生、喜获解放的全厂职工欢欣鼓舞，立即全力以赴启动生产。2月2日，便印出了第一批新版人民币，北平厂成为北平解放后第一个恢复生产的企业。

中国第一代手工雕刻大师吴锦棠率领弟子们积极响应军管组号召，废寝忘食、日夜奋战在第一套人民币的雕刻和印制工作中。

当时，解放战争节节胜利，日益扩大的新解放区急需人民币。每解放一座城市，钞票也要跟随解放军进城，做到人民军队打到哪里就保证钞票供应到哪里。

军管工作组采取紧急措施，通知解放前被裁工人回厂复工，并在社会上招收1000多名学徒工。4月底全厂职工已扩充到3390人，从局部开工很快发展到全部投产。

全厂干部工人掀起了支援解放军南下的生产竞赛高潮，昼夜不停生产，工人每班12小时，生产纪录一再刷新，大量人民币源源不断地送到全国各地，取代了国民党政府的法币，为解放全中国、统一新中国货币作出了重要贡献。

　　新中国成立后，1949 年 11 月，中国人民银行决定将第一印刷局 682 人、第二印刷局 87 人、第三印刷局 71 人、石家庄直属厂 224 人并入中国人民印刷厂（现在的北京印钞有限公司），全厂职工到 1949 年底达 4800 人。1950 年上半年，中国人民银行印制管理局提出"以凹印为主"的生产方针，扩建了厂房，并派人到苏联、德意志民主共和国考察购买先进的胶印、凹印设备和新技术，人民币凹版雕刻进入了一个崭新的时代。

　　这张照片是 1950 年 10 月，北京印钞有限公司举行了声势浩大的"抗美援朝保家卫国"募捐大会。职工们积极踊跃捐款，全力以赴支援抗美援朝，照片定格了这一精彩的历史瞬间。厂大楼上悬挂着毛泽东主席的巨幅画像和"增加生产、厉行节约"的标语；下面是董必武题写的"中国人民印刷厂"厂名。大楼门口是各个车间部门游行时举着的"抗美援朝""保家卫国"等五颜六色、大大小小的标语和旗帜；楼前，人山人海、人头攒动，真实记录了全厂职工群情激昂的热烈场景。

第一套人民币 100 元券正面主景《工厂》　发行时间：1949 年 3 月 20 日

　　1949 年 2 月 1 日，中国人民银行军管组接管北京印钞有限公司后，迅即组织吴锦棠、张作栋、林文艺等二十多名设计雕刻人员，进行 100 元券的设计雕刻。他们日夜奋战，仅用一个多月时间就完成设计制版工作，投入印刷。3 月 20 日，这张 100 元券正式发行并迅速随大军南下走向全国。红色的票面，寓意欢庆解放的喜悦心情。票面正面，高耸的烟囱，错落有致的厂房，成堆的煤炭，烟囱冒着滚滚浓烟，象征着工厂开足马力生产，一派繁忙兴旺的景象。票面背面花团锦簇中，是机器齿轮和两把交叉的农用工具，象征工业和农业相互促进、共同发展，寄托着人民对工业化的美好向往。

第一套人民币 100 元券《工厂》背面

第一套人民币 500 元券正面主景《农村》　手工雕刻：林文艺　发行时间：1949 年 3 月 20 日

　　这张 1949 年 5 月发行的 500 元券正面主景是一幅农村田野风光图画。夕阳西下，一个农夫扛着农具，迈着轻松的步伐，走在田埂上。票面正面的右侧，是绿树、流水、石板桥和若隐若现的农舍。温馨而静谧的画面上，人们仿佛能听到鸟语，闻到花香，表现了农夫辛勤劳作后的舒畅心情和欣欣向荣的田园风光。

第一套人民币 500 元券《农村》背面

丰收的喜悦

——吴锦棠技艺超群传匠心

1953 年 12 月发行的这张 50000 元人民币背面主景《履带拖拉机》，是由中国第一代凹版雕刻大师吴锦棠创作的作品。

画面上，麦浪由近及远，延伸至远方工厂和天空。吴锦棠利用虚实、点线的对比，将这种景深、远近关系表现得极为自然，巧妙烘托出画面的主角——拖拉机。拖拉机上的几位驾驶者，姿态各异光影效果也在吴锦棠的刻刀下得以完美呈现。

主景图案呈现了新中国成立后人们秋收时喜悦祥和、充满干劲的一幕。而对于几近花甲之年的雕刻师吴锦棠来说，在人生的金秋时节担负起雕刻第一套人民币的重任，何尝不是一种秋收、一份喜悦呢?

吴锦棠生于 1891 年 11 月，1907 年考入北洋官报局当艺徒，随日本技师学习铜版雕刻技术。1909 年经推荐考入度支部印刷局，随美国手工钢凹版雕刻艺术家海趣学习钢版雕刻技术。

吴锦棠十分珍惜学习机会，他勤奋刻苦、潜心钻研，且悟性极高，学习成绩优良，多次受到海趣的赞赏和嘉奖，并被指定为艺徒组组长。

他擅长风景和人像雕刻，曾刻有《海趣像》《石舫图》《耕织图》《印刷局鸟瞰图》等作品。

1914 年，海趣病逝后，吴锦

第一套人民币 50000 元券《新华门》背面　发行时间：1953 年 12 月

第一套人民币 50000 元券背面主景《履带拖拉机》　手工雕刻：吴锦棠

印刷过程稿

印刷过程稿

棠等中国钞票原版雕刻技术人员挑起大梁，雕刻创作了殖边银行兑换券、中华民国邮票等大批钢凹版雕刻作品。1915 年，吴锦棠雕刻的钢凹版雕刻作品在巴拿马国际博览会上获奖。

1938 年至 1945 年，吴锦棠任印刷局雕刻技师、制版科科长，主持了印刷局艺术传习所的雕刻绘画教学工作。

他在雕刻大批钞券产品的同时，花费大量时间与精力教书育人，传习技术，陆续培养了吴彭越、张作栋、林文艺、周永麟、宋凡、高振宇、郭会友、张永信、赵亚芸等钢版雕刻技术人员。这些人后来成为人民币原版雕刻的骨干力量，为人民币印制事业作出了重要贡献。

钞票的原版雕刻、凹版制作和印制过程都是在极其保密的状态下进行的，而作为当时最精密的防伪手段，钞票雕刻这种"美丽的金属版画艺术"也长期与外界处于隔离状态。

这种隔离状态使许多在放大镜下终身伏案、艰辛创作的雕刻师，虽然成绩卓著，却默默无闻地沉寂一生。

终有有志者，穷其一生，追求不舍。

吴锦棠曾经说过："凡学此艺术者，非经过多年之苦学研究不可臻此，必有多年埋头苦干之学习研究而可收获。"

"雕刻者，必先净其心，净其德，方可经过苦学而登堂入室，且前者之于后者更加重要。"

"观其雕刻界，行百里而半九十者，尚有人在。"

他认为，从事钢版雕刻者，既是刻苦的一生，也是苦刻的一生，既是光荣的一生，也是平凡的一生。他们走的是一条艰苦的跋涉之路，此话实为雕刻界奋斗者的真实写照。

1949 年，中华人民共和国成立，吴锦棠率弟子积极投身于第一套人民币的设计雕刻之中。此外，他还雕刻了毛主席大幅画像和大量邮票作品。

1953 年，时年 63 岁的吴锦棠成为北京印钞厂首批光荣退休人员之一。退休以后，他继续关注印钞事业，为中国凹版雕刻出谋划策，尽献余热。

　　一排左起：宋凡、吴锦棠、张永信、赵亚芸　二排左起：高振宇、郭会友

　　这张珍贵的老照片是著名雕刻家高振宇提供的。照片拍摄于 1950 年，围坐在吴锦棠身边的年轻弟子们，以后都成为人民币印制事业的栋梁之才。宋凡、高振宇、赵亚芸成为著名的手工钢凹版雕刻家。郭会友先后担任制版车间党总支书记、党委组织部部长和厂党委副书记等职。张永信参加了第二套、第三套人民币的雕刻工作，后调任党委组织部部长。

草原牧马图
——张作栋惟妙惟肖雕群马

这张 10000 元券的"牧马"主景图案由张作栋设计雕刻。

张作栋 1949 年 9 月加入中国共产党，先后任北京人民印刷厂雕刻股股长、设计制版车间主任。参与设计雕刻了第一套人民币 100 元、500 元、1000 元、5000 元、10000 元钞券的任务。1951 年被评为厂级劳动模范，1952 年被评为北京市劳动模范。从 1951 年起他参与组织研制第二套、第三套、第四套人民币原版的设计雕刻任务。他支持组织技术人员研究改进人民币的防伪技术，制作了新的技术品种，例如：黑白线花纹、暗花、变点、白线花纹等，提高了人民币的质量和防伪性能。1952 年参加赴苏联代表团洽谈为我国代印 3 元、5 元、10 元钞券的任务。1957 年他参加了中国人民银行组织的赴苏联考察印钞技术的工作，回厂后写出了考察资料。

1957 年，中国人民银行总行印制管理局局长王文焕率印钞技术考察团赴苏联访问，这是考察团在克林姆林宫前合影。左起：张作栋（雕刻专家，左一）王文焕（左三）徐晶（油墨专家，左四）魏笑天（北京印钞厂厂长，左八）柳溥庆（总工程师，左十）

第一套人民币 10000 元券正面主景《牧马》 手工雕刻：张作栋 发行时间：1951 年 5 月 17 日

第一套人民币 10000 元券《牧马》背面

1981 年，张作栋在业务自传中写道：

1927 年，我考入财政部印刷局当艺徒，随美国雕刻专家学习手工雕刻技术，第一年是练习基本功，包括用笔、刻刀、刻针的功夫。

通过几年的学习和生产实践，观摩国外的雕刻印刷产品，我深感国家技术落后，不求进步是不可生存的。但当时国家又处于半殖民、半封建、战争不断、动荡不安的年代，维持现状尚属不易，如何能求进步呢？只有靠自己的勤奋努力。

从 1932 年起，我利用一切条件自修，业余时间到图书馆阅读中外有关美术理论书籍，夜晚在私人画室学习绘画技法和课程，刻苦练习雕刻技法。

1939 年，我经过考试进入了"人像雕刻研究班"，随吴锦棠老师学习人像雕刻技术，逐步掌握了点线组织和表现艺术效果的规律与技法。

经过十几年的自修学习，使我的眼界开阔了，雕刻水平有了很大提升。多年的生产实践，从担任局部的技术工作，发展到担任设计雕刻车间的主任，我全面掌握了平、凸、凹原版制作工艺技术，成套完成原版设计制作任务。

1949 年 2 月，北平刚解放的时候，在设计雕刻技术人员不足的情况下，要完成各种原版雕刻制作任务，支援大军南下，困难很大。但在党的领导下，得到新生的技术工人干劲倍增，我和同志们一道日夜不停地工作，加班加点设计雕刻了 100 元、500 元、1000 元、5000 元、10000 元等人民币原版，竭尽全力按时完成任务，受到嘉奖。

北平厂从 1950 年开始，我参加新版人民币设计，在贺晓初厂长的直接领导下，组织研究制作黑白线、花纹暗花变点等新的防伪技术品种，和同志们一起反复试制，经过一年多的努力，终于取得成功，被新版人民币采用。

1952 年和 1957 年，我两次去苏联考察印制技术工作，编写了印制技术的考察资料。

1958 年组织工人和技术人员不分工种地广泛开展多面手活动，为信封、信纸、画册等民用产品开辟凹版雕刻使用新途径。

历史在前进，科技也在不断发展。如何表现新技术，适应新工艺，我从 1960 年以后，组织开展了一些技术改革研究试验工作，如深线花纹多层腐蚀。因而改变了旧的工艺，提高了工效。此外，我还雕刻了几内亚钞票人像、柬埔寨钞票风景等援外产品。

工作五十多年来，我取得了一些工作成果，但仍然不够。从设计雕刻、制作原版全过程，还有很多工作需要下大功夫，坚持不懈地做。今后，要靠新一代技术人员去实践和探索，我愿在有生之年贡献微薄之力。

第一套人民币 5000 元券正面主景《骆驼，蒙古包》　手工雕刻：张作栋

第一套人民币 5000 元券《骆驼，蒙古包》背面

东西方艺术交融的经典之作
——林文艺精致刻画新华门

新华门是新中国最高行政机关办公之地——中南海的南门。这座始建于乾隆年间的两层古典风格建筑造型精美，政治意义更为重要。

第一套人民币 50000 元券正面主景图《新华门》是北京人民印刷厂雕刻师林文艺的力作。雕刻师以娴熟的雕刻技艺，在钞票上再现了新华门的庄重与精美，堪称雕刻技法的典范。层层雕刻线条，表现出灰墙、红门、圆柱、窗棂、琉璃瓦的精准造型，哪怕是微小的飞檐、斗拱、门匾、石狮也精妙绝伦，巧夺天工。

在这幅作品中，林文艺将线条与点交叉结合，把建筑的结构表现得精准巧妙。整个画面明暗得当，立体感凸显，这是用西洋雕刻技法表现东方建筑艺术的典型作品。绘画艺术讲究笔墨晕染和线描勾勒，西方雕刻注重刀法和点线组合，而林文艺则将这种西方写实主义技法与东方写意的神韵，完美地融合于《新华门》主景图。

在这张钞票主景图中，人们还可以看到新中国成立初期新华门没有嵌入标语时的八字围墙原貌，红色砖墙上浮雕装饰素雅端庄。

第一套人民币 50000 元券　发行时间：1953 年 12 月

第一套人民币 50000 元券正面主景《新华门》 手工雕刻：林文艺

1981 年，林文艺在业务自传中写道：

1931 年 7 月 20 日，我考入前财政部印刷局钢版科学习手工雕刻，首先学习绘画。由阎锡麟技师教导，大致画了半年后，跟阎老师学习刻风景。

由于我学习技术进步快，1936 年被提拔为技手。1938 年参加了本厂艺术传习所人像研究雕刻技法，学习手工雕刻人像。1941 年被提拔为技佐，在这一段时间，我边雕刻边绘画使艺术和技术有机地结合起来，独立完成风景人像任务，1946 年被提拔为技师。

解放前学习技术是非常难的，全靠自己主观努力，掌握了一些技术，所以在 1948 年工厂大批裁人时，我被留了下来。1949 年一声春雷，北平解放了，在党中央和毛主席的领导下，技术人员获得了新生。领导把最重要的任务交给了我们，当时是人少工作量大。为了尽快地支援大军南下，我们日夜苦战在车间里，几天几夜不觉得累，心情愉快，领导经常关心和慰问，我出色地完成了任务，被评为厂生产模范，并荣获奖章。

解放后，我主要参与设计 1949 年发行的人民币 100 元券、500 元券、1000 元券、10000 元券、50000 元券票样；雕刻人民币500 元券、1000 元券、5000 元券、50000 元券、农村、拖拉机、轮船、新华门等风景和装饰文字；雕刻人民币 53 处，拖拉机、火车、水库、天安门等风景装饰和接线花纹原版。雕刻了越南胡志明头像，以及阿尔巴尼亚货币等援外任

务的人物、风景钢原版；历次公债风景嘉陵江、煤矿、喜马拉雅山等画册的风景钢原版；毛主席、雷锋、齐白石以及若干外国文化名人像的钢版。

空余时间完成了"江山如此多娇"画册的雕刻，完成信封信纸的营业活件和研究技术工作。1951 年被评为北京市劳动模范，1952 年被评为厂生产模范，1956 年工资改革时自己的工资被提升为 197 元，在 1960 年 8 月 15 日被中国人民银行总行印制管理局任命为雕刻工程师。自己觉得党给的荣誉太多了，只有用自己的实际工作来报答党对自己的关怀：在技术上追赶国际水平，在质量上加强防伪措施，对车间进来的青工尽自己的一切力量进行培养，让青年人早日接好技术班。

1977 年 8 月我和鞠文俊、张作栋、赵亚芸、李文等同志一起总结了手工雕刻的技术资料——关于雕刻人像、风景、装饰文字的技法，完成后交给领导，从 1978 年 12 月开始在家享受晚年幸福生活。

第一套人民币 5000 元券正面主景《耕地机》 手工雕刻：林文艺

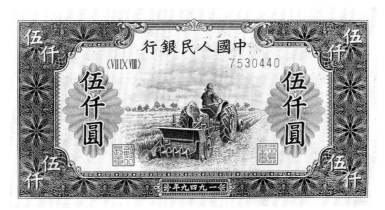

第一套人民币 5000 元券 发行时间：1950 年 1 月 20 日

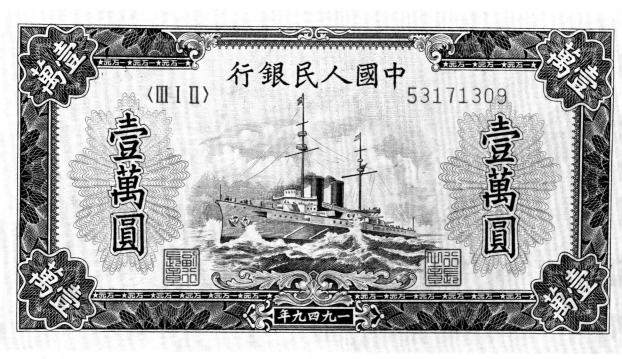

第一套人民币 10000 元券正面主景《军舰图》　手工雕刻：林文艺　发行时间：1950 年 1 月 20 日

第一套人民币 10000 元券《军舰图》背面

　　第一套人民币的票面主要反映农业、工业内容。这张 10000 元券上的军舰，是独一无二的军事题材，雕刻师林文艺描绘了军舰劈波斩浪、勇往直前的情景。

　　画面的黑白均衡，松松紧紧处理，富有节奏；灵巧的刀法把云淡风清和浪花翻滚表现得颇有层次；画面上呈现的曲线，与舰艇钢铁般的直线，形成强柔对比。

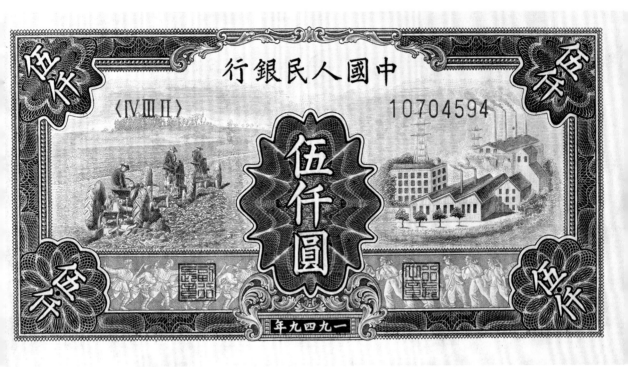

第一套人民币 5000 元券正面主景《拖拉机和工厂》 手工雕刻：吴彭越 发行时间：1950 年 1 月 20 日

1949 年 5 月 28 日，中国人民银行军事接管国民党中央印制厂上海厂后，立即组织设计雕刻人员，设计印制了这张 5000 元券人民币。年仅 27 岁的青年雕刻师吴彭越，仅用两个多月的时间就雕刻完成了票面上《拖拉机和工厂》两个主景图案。

这张 1949 年 12 月印制的 5000 元券人民币，票面构图别具一格，独特之处在于它是第一套人民币中唯一一张有"工人、农民、解放军"形象的壁画浮雕元素的钞票，与天安门广场上的人民英雄纪念碑上的浮雕有异曲同工之妙。

第一套人民币 5000 元券《拖拉机和工厂》背面

工农形象雕刻往事

纸币上的人物形象或者有原型，或者通过原型多次加工而成。第一套人民币 1949 年版 10 元券主景图工人农民形象的原型，就是雕刻师本人。

装扮农民的雕刻师叫翟英，江苏泰县人。1944 年，翟英进入新四军印钞厂，从事钞票设计及雕刻工作。1948 年 3 月，他所在的北海银行印钞厂接到华北银行设计印制第一套人民币 10 元券的任务，翟英负责票面的主景雕刻。

这张钞票正面主景的设计主题是工人和农民形象，但当时北海银行印钞厂位于胶东一个偏僻的小山村，战争时期能去哪里寻找合适的模特呢？无奈之下，北海银行决定"就地取材"，翟英与另一位雕刻师杨琦就成了这张主景人像的模特。于是，扮作农民的翟英头戴竹斗笠、肩扛锄头，扮作工人的杨琦头戴工作帽、肩扛铁锤，两位雕刻师并排而立，成就了凹版雕刻史上的一段佳话。

设计稿完成后马上要在铜版上制版，但此时解放山东潍县（即潍坊）的战斗正在激烈进行，印钞厂的机器物资则在很远的胶东

第一套人民币 10 元券（1949 年版）正面主景《工人和农民》　手工雕刻：翟英

第一套人民币 50 元券（1949 年版）正面主景《工人和农民》　手工雕刻：翟英

昆仑山里藏着。由于时间紧迫，没有刻针，雕刻师就到洪凝小街买了多种型号的缝衣针装上木条柄，又向房东老大娘买了一点纳军鞋用的鞋底线扎上。没有刻刀咋办？杨琦买来一柄废旧的洋伞钢骨和自行车废旧钢丝，到铁匠铺请老铁匠改制成刻刀毛坯，再打磨处理。次日取件，刻刀竟十分锋利，基本符合要求。原来老铁匠当晚利用铁炉余温进行了一晚的回火处理。拿回刻刀又配上木柄，用步枪子弹壳将刻刀和木柄固定好。随后，两位雕刻师又到旧货市场淘了些三角锉与宽锯条，改制三角刮刀、铲刀。

就这样，雕刻师用自制的刻刀，经过数月夜以继日的精心雕刻，终于按时按质完成了第一套人民币 10 元券印钞模板刻制任务。以后其他同事也都用这种办法，解决了解放区雕刻制版工具奇缺之苦。

随着战事的推进，人民币需求量激增而印制条件极端简陋，在制作 1949 年版 50 元券时，这幅工农肖像再次亮相，只是用不同的颜色与装饰图案以示区别。

无垠大地的畅想曲

收割机是第一套人民币 1950 年版 50000 元券的主景图案。在大自然景色的衬托下，联合收割机成为画面的中心。作品很好地处理了空间关系，以近处密密匝匝的麦田、远处疏朗开阔的地平线以及富有层次的天空，层层铺垫，突出工作中机器的主体，使之准确而又生动。

雕刻师华维寿以疏密相间的点线排列、充满弹性的线条，重笔雕刻近处庄稼，产生摇曳感及丰富的肌理效果。远处的田野则采用简洁的轮廓线，使之轻重有序、相互呼应，丰富了画面的层次感，充满了诗情画意。

云彩，历来是凹版雕刻的一个难点，雕刻师以空灵飘逸的布局、深浅不一的点线、极其细腻的刀法，凸显云彩的轻柔质感与洁白色彩，是一幅不可多得的表现云彩雕刻的经典作品。

第一套人民币 50000 元券正面　发行时间：1953 年

第一套人民币 50000 元券正面主景《收割机》 手工雕刻：华维寿

力与火的交响乐

钢铁生产，是新中国成立初期工业生产的重中之重，也是人民币票面所要表现的重要内容。

画面具有强烈的时代感，用写实的手法，表现近、中、远不同的工人动态，在工厂的烟雾弥漫中，主题鲜明地塑造了敦实的炼钢工人群像。

雕刻师吴彭越以刀代笔，用线排列成面，以出炉的钢水为主光源，通过侧光表现体积厚重与雾气，表现影影绰绰的虚实对比，巧妙烘托了现场的火热气氛，再现了 20 世纪 50 年代初，工厂车间热火朝天炼钢的工作情景。

第一套人民币 50000 元券背面主景《炼钢场景》   手工雕刻：吴彭越   发行时间：1953 年 12 月

第一套人民币 10000 元券正面主景《双马耕田》　　发行时间：1950 年 1 月 20 日

第一套人民币 10000 元券《双马耕田》背面

这张 10000 元券的正面主景是双马耕地图，黄、熟褐色；背面牧童放牛羊图，深棕色；单凹品。1950 年 1 月开始由上海印钞有限公司生产，1953 年结束生产。

第一套人民币 200 元券正面主景《收割》　　发行时间：1949 年 10 月 20 日

这张 200 元券的正面主景是收割图，黑蓝色；背面的花幅灰蓝色，单凹品。1949 年 10 月开始由中国人民银行第三印刷局生产，同年 11 月结束生产。

第一套人民币 200 元券《收割》背面

第一套人民币 100 元券正面主景《轮船》　　手工雕刻：翟英　　发行时间：1949 年 8 月

第一套人民币 100 元券《轮船》背面

这张红色票面的 100 元券，由中国人民银行第三印刷局北海银行印钞厂设计制版。1949 年 5 月 30 日开始由上海印钞有限公司生产，1951 年 11 月 22 日结束生产。1952 年 6 月又由西安印钞有限公司续印，1954 年 4 月结束生产，是第一套人民币中生产时间最长的品种。

第一套人民币 10000 元券《骆驼队》正面　发行时间：1951 年 10 月

这张 10000 元券的正面主景图案是骆驼队，茶红色；背面花幅浅蓝、红色，有维吾尔文的行名和金额；使用挪威道林纸。1950 年由上海印钞有限公司生产，1951 年结束生产。

第一套人民币 10000 元券《骆驼队》背面

第一套人民币 5000 元券《渭河桥》背面局部

第一套人民币 5000 元券正面主景《渭河桥》

手工雕刻：吴彭越　发行时间：1953 年 9 月 25 日

第一套人民币 5000 元券《渭河桥》背面

　　1953 年 9 月 25 日发行的 5000 元券《渭河桥》纸币，是第一套人民币中最后一个印制的版别，是 62 个版别中的收官之作，也是这套钞票中绝无仅有的一张"中国人民银行"6 字从左向右书写、背面由红蓝绿三色套印的人民币。

　　此时，距第二套人民币发行不足两年时间，为向第二套人民币平稳过渡起到了承上启下的作用。

而今迈步从头越

1955 年，第二套人民币向世人走来。

它设计精美、制作精良，具有浓郁的中国特色，是雕刻艺术与红色旋律的激情碰撞。

它的设计邀请中央美术学院专家参与，遵循完整统一、从设计雕刻到生产发行成系列的全套流程，是人民币走向标准化、规范化的开端。

《龙源口桥》《宝塔山》《天安门》……雕刻师们将红色政权从一片茂密山林中起步、在延安宝塔山下成长、最终在天安门广场升起红旗的足迹，以凹版雕刻特有的艺术语言展现，谱写出一曲波澜壮阔的红色交响乐章！

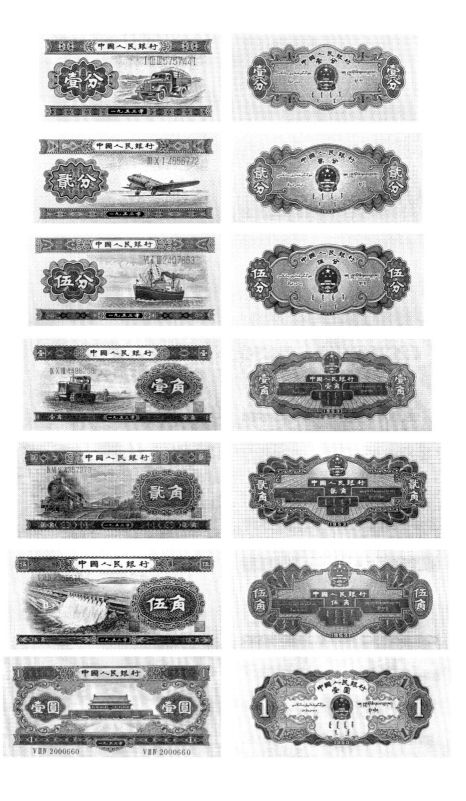

第二套人民币

政治性与艺术性的完美结合
——第二套人民币雕刻概述

第二套人民币 1955 年 3 月 1 日开始发行，1964 年 5 月 15 日停止流通。包括 1 元、2 元、3 元、5 元、10 元，辅币为 1 角、2 角、5 角及 1 分、2 分、5 分共 11 种面额。

这是一套具有国家高度的钞券。无论是主题设计还是雕刻制作，毛泽东、周恩来、邓小平、陈云等中央领导同志都进行了全方位的指导，从而使人民币具有代表国家形象的特殊功能。

这又是一套统一、完整、成系列的钞券，它设计精美、制作精良。中国人民银行聘请罗工柳、周令钊、王式廓等美术专家负责设计，张作栋、商伯衡、刘观润、王益久、武治章等三十多名印钞企业的设计雕刻技术人员团结一心，精诚合作，共同完成了新版人民币的设计创作任务，形成了从设计、雕刻、制版到印制的全套生产工艺新流程，是人民币走向标准化、规范化的开端。

红色旋律与雕刻艺术激情碰撞，产生绚丽的火花。吴彭越、林文艺、鞠文俊等雕刻师发愤图强，以精湛的雕刻技艺，用变幻莫测的点、线营造出"宝塔山"的光影变化，方寸间表现出"天安门"和"游行队伍"的宏大场面，火车、轮船、飞机、拖拉机和水电站刻画出人民对美好生活的向往。

这是刀与针镌刻出的精致美感，是凹版雕刻语言带来的艺术之美。人们感受到人民币画面积极向上的视觉传达，惊艳于画面的美轮美奂，激发出对新生活的美好憧憬。

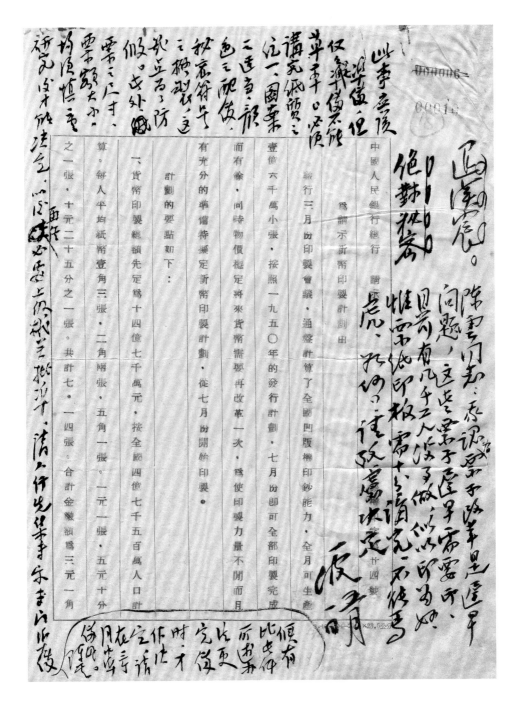

1949 年 12 月，中国人民银行印制管理局成立后，立即组织开始人民币新币设计。

1950 年 4 月 26 日，中国人民银行向国务院中央财政经济委员会上报《为请示新币印制计划由》。时任政务院副总理、政务院财政经济委员会主任陈云经过认真分析后，很快作出批示："此事应该准备，但仅仅准备，不能草率。必须讲究纸质之统一，图案之适当，颜色之配备，秘密符号之拟制，这几点为了防假。此外，票面之尺寸，票额大小，均须谨慎研究后才能决定，以后再须必要上级机关批准。请人行先集专家专门听取意见，俟有比此件所述办法更完备时，才作决定。请在三个月中准备好。"

把国徽刻上人民币

中华人民共和国国徽，是中华人民共和国主权的象征和标志。

1950 年 6 月 18 日，毛主席主持全国政协一届二次会议通过了中华人民共和国国徽图案。

美丽庄严的中华人民共和国国徽，象征着中国人民自"五四"运动以来的新民主主义革命斗争和工人阶级领导的以工农联盟为基础的人民民主专政的新中国的诞生。四颗小五角星环绕一颗大五角星，象征着中国共产党领导下的全国人民的大团结；齿轮和麦稻穗象征着工人阶级领导下的工农联盟；天安门则体现了中国人民的革命传统和民族精神，同时也是我们伟大祖国首都北京的象征。国徽在颜色上用正红色和金黄色互为衬托对比，体现了中华民族特有的吉寿喜庆的民族色彩和传统，显得宏伟庄严，美丽大方。

从第二套人民币开始，雕刻师就以精湛的技艺，把国徽镌刻在了人民币的票面上。

毛主席宣布国徽图案通过

1 角券、2 角券、5 角券和 3 元券、5 元券、10 元券的国徽都印在四种文字组成的对称艺术图形之上，文字托起国徽，酷似展翅欲飞的蝴蝶，令人赏心悦目。

1 分券、2 分券、5 分券和 1 元券、2 元券的国徽均印在少数民族文字与汉字行名、面额数字包围的票券中心内，汉、蒙、维、藏四种文字簇拥着国徽，形成十分对称和谐的艺术效果。

国家基石的象征

这张被称为"大黑拾"的 10 元券，票幅尺寸是人民币系列中最大的，整体色彩给人以黑色的庄重之感。

新中国成立之初百废待兴，我国印钞能力尚待提高，所以 3 元、5 元、10 元这三张大面额钞券委托苏联承印。

"大黑拾"的主景图案是工农形象。罗工柳、王式廓等美术专家凭借扎实的素描功底，将画面中人物之间的层次关系处理得极为恰当。

画面上，农妇头裹毛巾，手抱沉甸甸的麦穗，洋溢着丰收的喜悦。工人则目光深邃，手指向远方，体现了领导阶级的豪迈。其人物设计高大的形象塑造、饱满的精神状态，具有 20 世纪 50 年代我国革命现实主义与浪漫主义结合的典型特征。

苏联雕刻师凭借扎实的素描基础、精准的雕刻技艺，刻画出人物昂首挺立、目视前方、精神饱满的神态，表现出人物所具有的质感，完美地诠释了人物的精神状态。

"大黑拾"，既有大刀阔斧的雄健，又有细腻生动的雕琢，版纹深，墨层厚，是一张印制精良的钞票。

第二套人民币 10 元券正面主景《工农像》 设计：罗工柳 素描：王式廓

第二套人民币 10 元券正面（苏联代印）

发行时间：1957 年 12 月 1 日

第二套人民币 10 元券背面

第二套人民币 5 元券（1953 年版）正面　设计：罗工柳　素描：周令钊　发行时间：1955 年 3 月 1 日

第二套人民币 5 元券（1953 年版）背面

第二套人民币 3 元券（1953 年版）正面　设计：罗工柳等　素描：武治章等　发行时间：1955 年 3 月 1 日

第二套人民币 3 元券（1953 年版）背面

苏联代印第二套人民币三种面额

新中国成立之初，为统一币制，提高钞票的质量和防伪技术，中央决定将新币中的 3 元券、5 元券、10 元券委托苏联帮助印制。

1952 年 3 月底，北京人民印刷厂厂长贺晓初，带领设计室主任张作栋、美术家周令钊、工程师陈达邦随中国经济贸易代表团到达莫斯科，开始了委请苏联代印人民币的谈判过程，我方展示了黑白线、暗花和变点新技术，并要求将此技术运用到人民币的印制当中。苏联财政部部长兹维列夫负责代印工作。

1961 年，根据国内形势和市场需要，中央决定继续委托苏联帮助续印 10 元券。1962 年 8 月 4 日，我方全部接收并完成人民币 10 元券入库工作。

1964 年 4 月 14 日，中国人民银行报经国务院批准，通告收回苏联代印的 3 元券、5 元券、10 元券人民币，从 4 月 15 日起停止流通以上三种券别。

载歌载舞庆国庆
——吴彭越出神入化雕经典

中国第二代手工钢凹版雕刻大师吴彭越，1922 年出生于天津，中国共产党党员，高级工艺美术师，中国第一代钢版雕刻大师吴锦棠之子。他是我国最优秀的手工钢版雕刻艺术大师之一，中国钢版雕刻界德艺双馨的楷模。

1938 年，16 岁的吴彭越考入印刷局艺术传习所，学习钢版雕刻。1943 年，吴彭越考入北平国立艺专 (中央美术学院前身) 深造。1948 年，吴彭越调往中央印制厂上海厂，从事钢版雕刻和相关印刷技术工作。

1949 年上海解放后，他完成了第一套人民币三枚钞票的雕刻任务。"1950 年 7 月，他从上海调回北京印钞厂"承担了第二套人民币 2 元券宝塔山、5 元券（1956 年版）民族大团结的主景雕刻任务。

吴彭越在四十多年雕刻生涯中，完成了十六张钞券的风景、人物及多种邮票的雕刻任务，其中第二套人民币中的民族大团结，第三套人民币中的《女拖拉机手》《机床

第二套人民币 5 元券（1956 年版）正面　发行时间：1962 年 4 月

第二套人民币 5 元券（1956 年版）正面主景《各族人民大团结》　手工雕刻：吴彭越

　　这是一幅表现我国各族人民载歌载舞、欢度国庆的喜庆画面。画面人物众多，场面宏大。雕刻师吴彭越运用精细的雕刻手法、多变的点线，使众多性别、年龄、民族各异的人物神态栩栩如生。

　　为使画面色调明朗、人物形象鲜明，雕刻师在深浅、黑白色调的把握上适当减少灰调，有力地增强了画面的层次感。

　　在线条运用上，根据不同对象服饰各异的特点，采用刚柔相济、曲直相应的雕刻技法，增强了画面的对比度和动态感，使整个气氛与主题内容和谐统一。

　　在人物表情的刻画上，以精湛熟练的刀法，准确地刻画出不同人物神态各异的喜悦表情，充分展示了雕刻者高超的技艺。

　　吴彭越在 1957 年接到中国人民银行印制管理局下达的改版雕刻任务后，他立即全副身心、加班加点的精心雕刻，仅用 20 多天就完成了雕刻任务，创造了奇迹，受到中国人民银行的表彰。

工人》《炼钢工人》《人民代表步出人民大会堂》等雕刻作品都深受好评，成为时代的红色经典。尤其是 5 元券正面主景《炼钢工人像》，吴彭越打破了传统雕刻方法，采用刀法流畅的布线方法，生动描绘出中国工人的精神风貌和豪放气魄，人物形象逼真自然，被各国同行公认为钞票雕刻中的精品。

鉴于吴彭越在人民币凹版雕刻中作出的杰出贡献，国家授予他诸多荣誉：他是高级工艺美术师，政府特殊津贴获得者，也是国家印刷类最高奖项"毕昇印刷奖"获得者。1999 年，中国人民银行授予他"中国印钞造币功勋奖章"。

一排：黄亚光（中国人民银行副行长，左八），王文焕（中国人民银行印制管理局局长，左九），贺晓初（中国人民银行印制管理局副局长，左七），杨秉超（中国人民银行印制管理局副局长，左十），吴彭越（最后一排个子最高者）

中國人民銀行

中華人民共和國鋼版 世界人民大團結鋼版

一九五六年

88756　ⅢⅥⅠ58

第二套人民币 1 元券正面主景《天安门》　手工雕刻：吴彭越

雕刻大师吴彭越自述（1980 年 11 月）：

我从事雕刻工作有四十二年了，从启蒙学习至今一直没有间断过。1938 年考入印刷局艺术传习所，从事学习文化和美术理论以及绘画，同时直接到钢版科学习雕刻。六年艺术传习所毕业后，我感到美术基础和绘画的重要性，于是在业余时间到著名画家张振仕画室自费学习绘画。1944 年又考入"国立艺术专科学校"（中央美术学院前身），经过厂里的同意，我半日到艺专学绘画，半日在厂雕刻。这样坚持了两年多时间，后来就专攻雕刻技术。解放以后，厂里主办的各期业余绘画班我都参与。经过一段时间的绘画和雕刻艺术学习，我进一步理解了绘画和雕刻的天然血缘关系。这一理论基础，指导了我以后雕刻工作的方向。

雕刻作品在美术修养的基础上，通过高度精湛的雕刻技巧，综合运用绘画艺术的造型手段而集中表现出来。它具有丰富的层次和立体感，用优美的、精致的、恰如其分的线条表现出人物的精神面貌和风景的意境。通过一系列精确制版手段和艺术加工，一直到印版印刷，反映出了雕刻品的高度精致和别具一格的艺术质量。同时它在高级印刷中具有独享防伪造的特点，也是具有纯厚结实的高价值的艺术作品。

这种钢版雕刻技术虽然在国外已有三四百年的历史，但传入中国才七十多年。雕刻艺术不论在经济上还是文化艺术上都有很大的意义，但在敌伪统治时期，反动统治者们不顾国家利益，将钞券任务委之国外，丧失了一个国家的尊严和民族自尊心。因而国内印刷雕刻行业技术陷入凋零没落，垂于消亡。

解放后，雕刻印刷行业受到党和国家无微不至的关怀，重获新生，得以茁壮成长，在此背景下，我的雕刻生涯得以重生。党和政府的培养和重视，激发了我的进取心，雕刻技术得到进一步提高。

随着国家经济的发展，我在第一批国家币制改革任务中担任主要景物的刻制。在历次援外任务中，我在肖像方面取得了一些成绩。其他有些非常紧急的任务，如雕刻改版人民币，在最短时间内完成 5 元券民族团结景，保证国家不受苏联的威胁，保护了国家的经济安全。

在 1958 年"大跃进"时期，在厂内主业下马的情况下，厂党委号召大搞多种经营。我和同事们突击完成了各项营业任务的凹印产品，从而解决了危机。我还为邮电部刻制过一部分凹版纪念邮票。从 1951 年起，我应邀为邮电部代刻邮票版多幅，多次受到邮电部领导

的赞许。此外，在历次钞券印制任务中我参与或负责组织人员进行雕刻设计、安排工作进度、负责质量检查等工作，多次受到上级好评。

随着形势的发展，我认识到了国家需要雕刻人才。因此，我要从思想上到行动上，做到毫无保留地传授技术。从解放初期帮助一些同志提高技术，如宋凡和高振宇等都曾在 1953 年和我订过师徒合同。而今他们都已作出很大的成绩。近八年来我又培养了吴依正，他在技艺方面已经有了很好的基础，很快就能成才。今年初从技校分来的学工，由我负责培训五个同志雕刻风景，我要严格要求他们，在短时间内为他们打下雕刻基础。

回顾自己从事雕刻工作几十年的经历，特别是解放之后，我无限感慨和激动，对党的感激之情激励着我不断学习奋斗。我把掌握的技艺毫无保留地贡献给党。

第二套人民币 2 角券的设计过程样稿

第二套人民币 2 角券正面主景《火车》

第二套人民币 2 元券正面主景《延安宝塔山》　手工雕刻：吴彭越

红色圣地的写实展现

　　延安宝塔，是延安的标志性景观，是中国革命发展的象征，也是广大民众最为熟悉的建筑之一。这幢建筑出现在钞票上，为我们带来了全新的审美体验。

　　延安地处黄土高原，常年风雨侵蚀，因而呈现出沟壑纵横的地貌。雕刻师吴彭越抓住了这一地貌特征，用粗线与细点的对比，营造出山体在阳光照射下的立体光影变化。

　　这是吴彭越早期的雕刻作品，采用写实风格雕刻：以点拉近距离、以线推出空间。屹立于黄土高坡之上的宝塔，是整个画面的夺目之处。仰视的角度，凸显宝塔的巍峨。

　　从塔尖到九层塔檐，雕刻师以精湛的刀刻技术，使得景物的暗影中仍然不乏厚重的层次感。颇见功力的天空排线，是针刻技术的经典表现，映衬得蓝天白云下的延安宝塔更加壮丽。

　　吴彭越以点线的组合及变化，运用出凹版雕刻所特有的艺术语言，使这幅作品产生了强烈的艺术效果。

第二套人民币 2 元券正面　发行时间：1955 年 3 月 1 日

第二套人民币 1 元券（1953 年版）正面主景《天安门》　手工雕刻：林文艺

1 元券的红与黑

　　1955 年 7 月，红色 1 元券发行后不久，南方各地陆续反映 1 元券出现了变色、掉色、掉墨以及油墨溶化变黏等现象。

　　中国人民银行立即派印钞技术人员到江苏、浙江等地调查，分析原因并请中国科学院的专家进行技术研究，找到了红色油墨变黏的原因是耐酸、耐碱的稳定性较差所致。

　　中国人民银行意见：鉴于现在流通的 1 元券所用的红色油墨存在着严重缺陷，经过对各种颜色的钞票进行试验，感到黑色油墨的性质最为稳定，具有耐酸、耐碱的性能，较其他钞票墨色均匀，因此建议将新版 1 元券用黑色油墨印制。

　　1956 年 2 月 3 日，中国人民银行行长曹菊如再次呈文给李先念副总理并转周恩来总理。呈报了新版 1 元券新配色样两种请予审核，并客观地、实事求是地提出了两种色样各具有的优缺点。

　　1956 年 2 月 6 日，李先念副总理写信给陈云副总理，把中国人民银行上报的新版 1 元券红、黑两种色样之事做了说明，并提出：我考虑也是采用黑色的好些。2 月 10 日，陈云副总理将信转交给周恩来总理，并在信上写道：总理，我以为黑色较好，主要理由是油墨耐磨，请批示。2 月 14 日，周恩来总理批示：同意采用黑色。

　　"红色 1 元券"自此改版为"黑色 1 元券"。

第二套人民币 1 元券（1956 年版）正面主景《天安门》 手工雕刻：吴彭越

"黑色 1 元券"不但颜色由红变黑，其正面团花、图案大小也作了相应的调整。天安门城楼上不见了宫灯，城墙上则增加了"中华人民共和国万岁"与"世界人民大团结万岁"两条标语。对此，吴彭越通过线条的整齐排列，尤其是突出前景广场上的线条排布，凸显雕刻线条的张力，让人强烈地感受到天安门的雄伟气势。

这是 1 元券背面的部分颜色样稿。每一种人民币的票样，从设计到制版都经过了美术专家、设计师、雕刻师的精心创作和无数次的打样修改，最终才会选出一种最佳方案上报党中央和国务院审批。因此，每一张精美的人民币票面背后，都凝聚着无数专家、领导和技术人员的智慧与心血。

第二套人民币 5 角券正面主景《水电站》　　手工雕刻：林文艺

　　第二套人民币 3 种角券的背面图案是花纹和国徽，中间有汉、维、蒙、藏四种文字的"中国人民银行伍角（贰角、壹角）"字样。

第二套人民币 2 角券正面主景《火车》　手工雕刻：吴彭越

第二套人民币 1 角券正面主景《拖拉机》　手工雕刻：林文艺

第二套人民币 5 分券正面主景《民用轮船》

手工雕刻：鞠文俊　发行时间：1955 年 3 月 1 日

　　1 分、2 分、5 分券纸币，是第二套人民币中票面最小、面额最小的辅币，1955 年 3 月 1 日公开发行，2007 年 4 月 1 日起停止流通，流通时间长达半个世纪。

　　这 3 种纸分币的票面色彩与主景搭配十分贴切，黄色、蓝色、绿色，表现金黄色的大地、蔚蓝色的天空、深绿色的海水，与汽车、飞机、轮船这三种交通工具相得益彰，反映了国家在"一穷二白"和交通落后的年代，要大力发展交通运输业的宏伟蓝图和美好憧憬。

第二套人民币 2 分券正面主景《民用飞机》

手工雕刻：吴彭越　发行时间：1955 年 3 月 1 日

第二套人民币 1 分券正面主景《民用汽车》

手工雕刻：吴彭越　发行时间：1955 年 3 月 1 日

躲在花纹图饰间的秘密

在第二套人民币的研制过程中，中国人民银行印制管理局为了从整体上提高新版人民币的防伪技术水平，调集北京、上海两个印钞厂最优秀的手工雕刻钢凹版技师、机器雕刻技师、制版技师等集中力量攻关。商伯衡、张作栋、林文艺、华维寿、吴彭越、刘观润、王益久、沈乃铺、刘玉山、翟英等雕刻技术人员群策群力，经过一年多夜以继日的反复试验，终于在雕刻制版的关键技术上取得突破，为人民币增加了新的防伪手段。

黑白线图案花纹技术

1951 年由雕刻师商伯衡、刘观润等研制成功，改变了 40 多年沿用的机器刻几何图案全部用黑线组成的传统工艺。

钢版雕刻变点技术

1952 年由张作栋、李鲲普、符崇辉等研制成功。该技术用于凹印产品，更美观，更具防伪效能。

深线花纹技术

深线花纹是由万能几何雕刻生成，经过多道凹版工艺制作而成，是重要的图纹防伪特征。

钢版雕刻暗花技术

1952年由商伯衡、刘观润、张作栋等借鉴外国钞票技术研制而成。其工艺是由雕刻机在钢版上雕刻底纹，再进行深浅腐蚀，使之出现不同的纹线，呈现出暗花的效果。

第二套人民币部分券别文字及花纹图饰

第二套人民币 5 元券（1956 年版）钢凹原版局部

第二套人民币 5 元券（1956 年版）背面

匠心独运刻经典

1962 年 4 月，第三套人民币正式发行。它既体现了当时"以农为本、以钢为纲"的政治性要求，又以极其精湛的技艺和高超的艺术表现获得普遍赞誉。

无论是《炼钢工人》还是《工农兵》群像，一点一线均充满生命活力。无论是《天山放牧图》还是《石油矿井图》，每一个画面都引出一片惊鸿。激情四射的表达，积极向上的精神，深入人心的经典，使人民币凹版雕刻达到了一个新的高度。

英姿飒爽的女拖拉机手、专心致志的车床工人、神态刚毅的炼钢工人、参政议政的工农兵群像，这是人民群众意气风发的真实写照，也是那个时代积极向上价值取向的生动体现。以吴彭越、鞠文俊等为代表的雕刻师们，以独有的雕刻语言，令这些时代形象焕发了独特的艺术魅力。

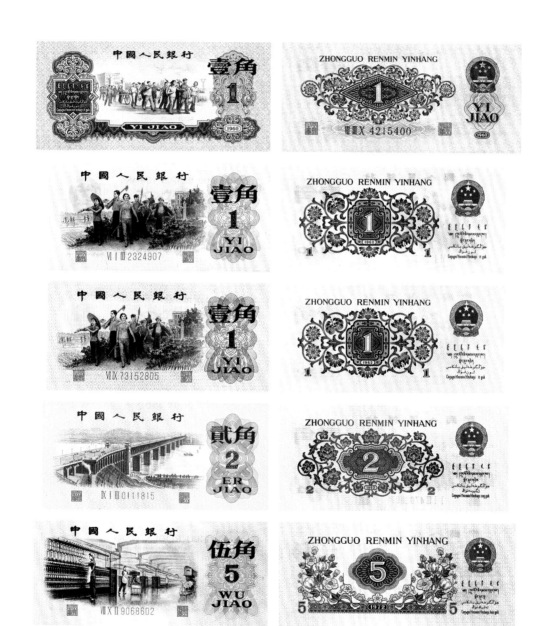

第三套人民币

设计与雕刻珠联璧合

——第三套人民币雕刻概述

第三套人民币于 1962 年 4 月 20 日开始发行，共有 1 角、2 角、5 角、1 元、2 元、5 元、10 元 7 种面额、9 种版别，其中 1 角券别有 3 种。

这套人民币在周恩来总理的关心指导下，聘请罗工柳、周令钊、侯一民、邓澍、陈若菊等美术专家，从 1958 年开始统一设计，票面设计主题为"三个元帅""两个先行"，图案集中反映了当时我国国民经济以农业为基础，以工业为主导，工农并举的方针。

第三套人民币在设计雕刻和印制工艺上传承了第二套人民币的成熟技术。张作栋、吴彭越、鞠文俊、林文艺、宋凡、高振宇等 39 名雕刻制版人员自力更生，全力以赴，不断创新雕刻技艺，将传统手工雕刻与机器雕刻相结合，精雕细刻，使主景图案线条精细，油墨配色合理，色彩新颖明快，票面美观大方。

第三套人民币是政治性与艺术性的完美结合，也是艺术与科技的精彩演绎。这套人民币采用了国产水印纸，增强了人民币的反假能力，为健全我国货币制度、促进经济发展发挥了重要作用。这标志着中国印钞形成了独立自主的科技研发和生产体系，世界钞券的艺术宝库，从此有了中国钞票的一席之地。

图为中国人民银行印制管理局局长王文焕（左）向朱德委员长汇报人民币设计工作

　　党中央和国务院对人民币设计印制工作高度重视。新中国成立初期，朱德、董必武、彭真、习仲勋等中央领导多次到北京印钞公司视察工作。1959 年 11 月 17 日，朱德委员长由中国人民银行副行长乔培新、中国人民银行印制管理局局长王文焕陪同，来到了北京印钞公司视察工作。王文焕向朱德汇报了我国货币印制系统概况，着重介绍了第三套人民币的新设计方案以及当时正在试制的情况。汇报中，厂领导拿出第三套新版人民币图样请朱德同志观看，并与当时正在流通的第二套人民币作了比较。朱德同志看后指出："设计新版人民币的指导思想对头。我国是共产党领导的，以工农兵为主体的多民族的人民民主的国家，人民币的图案应该反映工农兵和多民族的形象和面貌，同时，又教育和鼓舞人民群众为自身的事业努力奋斗。"

让群像自信而庄重

　　第三套人民币 10 元券，就是通常所说的"大团结"，体现了人民当家做主的主题。

　　它的正面主景图为人大代表步出大会堂。这是一个人物群像的图景，就雕刻技艺而言，塑造群像最重要的就是准确处理人物之间的相互关系。

　　雕刻师吴彭越，以线为主、以点为辅的雕刻法，用深浅不一的线纹交织，表现群像中人物的前后关系。利用点线的微妙变化，表现不同人物的面部特征。

　　吴彭越以庄重有序的刀法、流畅轻松的线条，刻画出人大代表有工农兵，有汉、蒙、回、藏、疆等少数民族代表，他们坚定自信的形象和充满喜悦的精神状态，体现了人大代表们对国家未来发展充满信心。

第三套人民币 10 元券正面主景《人民代表步出大会堂》　　素描：侯一民　　手工雕刻：吴彭越

第三套人民币 10 元券　发行时间：1966 年 1 月 10 日

这张 10 元券在党中央、国务院的指导下，经过了多次修改。

1959 年 1 月，中国人民银行向党中央、国务院报请审定第三套人民币 7 种面额票面设计画稿。从 1959 年到 1964 年的 6 年中，10 元券因主景题材不断调整，一直没有定稿，始终处在修改之中。

1964 年 2 月 12 日，中国人民银行向国务院上报《关于新版 10 元券设计中几个问题的请示》。3 月 6 日，中国人民银行印制管理局接到总行党组传达 2 月 24 日中共中央书记处的批复意见后，立即组织美术专家和印钞厂技术人员对原方案加班加点修改。

1965 年 6 月 18 日，中国人民银行将修改后的原版样上报国务院。6 月 19 日，李先念副总理批示：这个问题已多次请示中央，已得到中央批准，现在就办。至此，第三套人民币 10 元券正式定稿，随后进入制版和印刷阶段。1966 年 1 月 10 日公开发行。

这张尺幅不大的票面，如今已成为一代人心中不可替代的回忆。然而，又有多少人知道，它背后曲曲折折的变化。

修改前的第三套人民币 10 元券票样

修改后的第三套人民币 10 元券票样

第三套人民币 10 元券的设计过程样稿

第三套人民币 10 元券的凹印单色样稿

最初，"大团结"票面主景图案中的解放军形象是军官，后根据周恩来总理指示，改用士兵形象。又由于当时取消军衔制度的相关规定，将帽徽、领章、腰带的样式作了调整。一张钞票从设计到定稿，往往不是一蹴而就的。设计稿几经调整，雕刻师就要根据调整重新雕刻原版。

大家熟悉的"大团结"只有一个形象，所以只有一位雕刻师的一张作品，最后突破重围与世人相见。而那些尘封在档案室中的过程稿，则在默默地诉说着一个职业、一批匠人的执着无悔。

第三套人民币 5 元券正面主景《炼钢工人》　素描：侯一民　手工雕刻：吴彭越

咱们工人有力量

炼钢工人的素描设计稿作者是著名油画家侯一民。其对人物塑造，从立意、构图，反映了鲜明的时代特征。画面通过炼钢工人的一个定格，将人物全神贯注的表情以及火热的工作场景完美呈现。

雕刻师吴彭越在表现素描稿时，通过长细线和少量点的排列，配合人物面部的留白，表现出炉火映照在工人脸上的强烈光感。一根泛红的钢钎，既反映了火热的炼钢场景，又巧妙地将人物的黑白素描效果和团花图案的红色巧妙地连接起来。

不规则、具有飘动感的斜线，则营造出炼钢工人迎着扑面而来的热浪，忘我工作的劳动状态。动中见静，工人凝神的一瞬，无声胜有声。

这幅作品打破了传统的雕刻刀法，布线流畅，极具动感，将中国工人坚毅果敢的性格以及豪情满满的胸怀完美地展现出来，成为凹版雕刻的经典之作。

第三套人民币 5 元券　发行时间：1969 年 10 月 20 日

充满质感的凝视

车床是机械加工的重要设备，是制造机器的工作母机。在宽敞明亮的车间里，近处的机床是那样的厚重稳定。

一深一浅的工装对比，出于安全需要的工作帽，与画面下端的机械的重色形成呼应。通过侧逆光，很好地衬托了工人脸庞、专注的神情和细微的表情动作。年轻的车工用卡尺量规，在测量加工部件尺寸，体现了严谨细致、一丝不苟的工匠精神。

雕刻师吴彭越用变化的刀法，干净有力地表现出车加工零件的光洁质感；人物周围自然留出空白，富有动感——眼神、手势和量规都集中于工件上，塑造出典型的工人形象。

充满质感的画面，全神贯注的凝视，将车床工人精益求精、专注到极致的工作状态完美地呈现出来，让欣赏到这幅作品的人，都忍不住屏气凝神起来。

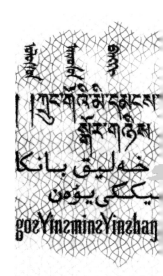

第三套人民币 2 元券　发行时间：1964 年 4 月 15 日

中國人民銀行

第三套人民币 2 元券正面主景《车床工人》 素描：侯一民 手工雕刻：吴彭越

刚与柔的飒爽英姿

第三套人民币 1 元券的主景图案，是一位巾帼不让须眉的年轻拖拉机手。

雕刻师吴彭越是处理空间关系的大师，画面上，远处的收割机和广袤的农田依稀可见。英姿飒爽的女拖拉机手，柔和光洁的皮肤，轻盈飘逸的发丝，由适当的留白和平滑的线条，给人以柔和亲切的感受；而拖拉机则由大量交叉、平行的粗线条，展现机械刚劲有力的质感。刚与柔的搭配，让整个画面生动起来，女拖拉机手的飒爽英姿跃然纸上。

这幅作品从另一个侧面反映了 20 世纪 50 年代男女平等、崇尚劳动光荣的时代脉搏。

第三套人民币 1 元券　发行时间：1969 年 10 月 20 日

第三套人民币 1 元券正面主景《女拖拉机手》　素描：侯一民　手工雕刻：吴彭越

雕刻师会战《纺织车间》

5角券正面主景图案是纺织车间。画面上虚与实的点线排布，将观者的视线由近及远地拉伸，将整洁明亮的厂房、专心致志的女工完美呈现给世人。

1972年7月26日，国务院批复同意5角券的设计图案。当时的印制管理局工作组迅速组织吴彭越、鞠文俊、林文艺、刘国桐、宋凡、高振宇、赵亚芸、苏席华、王雪林、高增基、贾绪丰、张永信等雕刻技术人员参加了钞版制作"大会战"。

上海印钞公司档案室里，今天依旧尘封着厚厚一沓过程资料。其中包括海量采风照片、素描稿、色彩稿，也包括海量雕刻练习稿。甚至仅仅一个人物的脸部细节雕刻过程稿，就有数十张之多。然而这些精益求精的作品的雕刻者们，却没有在这张钞票上留下痕迹。因为只有一幅作品，只有最完美的作品，才能成为人民币的一部分。

曾有雕刻师说，支撑他们"刀"耕不辍的，是一种信念，是一种深爱。恐怕，正是这种赤诚而纯粹的情感，成就了中国钞版雕刻事业的蓬勃发展，成就了人民币上的图案纹饰的精妙绝伦！

1972年7月24日，财政部上报新版5角券设计样稿。按照周恩来总理在1959年审批新版人民币设计稿时曾经提出的"角票中是否用一个轻工业的意见"，遵照这个指示设计了新版5角券。新版5角券的正面是纺织厂的图景，表现轻工业这一题材，背面采用棉花图饰，与正面纺织图景相呼应。7月26日，国务院批复："同意"。

第三套人民币5角券正面　发行时间：1974年1月5日

中國人民銀行

第三套人民币5角券正面主景《纺织车间》　素描：贾鸿勋　手工雕刻：吴彭越

参加"大会战"的设计雕刻人员在八达岭长城合影

天堑变通途

　　2角券正面主景是"武汉长江大桥"，大桥位于湖北省武汉市蛇山和龟山之间，1955年9月动工，1957年10月15日正式通车，上层为公路桥，下层为双线铁路桥，是万里长江上的第一座公路铁路两用桥。

　　1956年6月，毛泽东主席从长沙到武汉，第一次横渡长江，当时武汉长江大桥已初见轮

廓，他即兴写下《水调歌头·游泳》一词，其中广为传诵的一句"一桥飞架南北，天堑变通途"，正是描写武汉长江大桥雄伟壮观的气势和沟通中国南北交通的重要作用。

　　雕刻师鞠文俊以精准细致的雕刻技法，将桥梁透视表现效果与远景整齐划一的景物形成实虚对比，使画面富有生机活力。大桥结构的

第三套人民币 2 角券正面主景《武汉长江大桥》　素描：侯一民　　手工雕刻：鞠文俊

每一个细节清晰可见，上层的汽车、下层的火车、江面上的轮船，加之远处的山峦，组成一幅热闹的风景图。雕刻师在如此小的画面中，以细微、准确的刀法，雕刻出武汉长江大桥"一桥飞架南北，天堑变通途"的雄伟壮观气势，实现了主题与艺术的完美统一。

第三套人民币 2 角券正面　发行时间：1964 年 4 月 15 日

教育与生产劳动相结合

1959 年 2 月 14 日，周恩来总理对中国人民银行上报的新版人民币画稿提出意见：（1）方针同意。（2）内容还可以，但反映农业的多了一点。把"干部参加劳动"一张改为反映教育与生产劳动相结合（最好把 1 角券改为这样的内容，因为 1 角票学生们用得多，对他们可起教育作用）。

1959 年 6 月 6 日，中国人民银行向国务院再报关于新版人民币设计稿样修改后的请示：1 角券主景内容已改为教育与生产劳动相结合和干部参加劳动图景，图中有学生，也有干部，从楼房背景中可以理解为学校，也可以理解为机关；既可理解为教员与学生参加生产，也可理解为干部参加劳动，共同反映智力劳动与体力劳动相结合的政策。

第三套人民币 1 角券（1960 年版）正面主景《教育与生产劳动相结合》
素描：葛维墨　手工雕刻：吴彭越

1960 年版的"枣红 1 角"于 1962 年 4 月 20 日发行，双面凹版印刷，使用自苏联进口的小五星水印钞票纸。正面主景反映干部参加劳动锻炼，由中央美术学院油画系青年教师葛维墨在 1959 年初设计。

1962 年版的"深棕 1 角"于 1966 年 1 月发行，正面凹版印刷、背面胶版印刷。正面主景是反映教育与生产劳动相结合的主题，由中央美术学院教授侯一民设计。

1970 年，为进一步降低生产成本，决定将1962 年版 1 角券的印刷工艺从正面凹印、背面胶版印刷改为全部胶印，颜色为棕色。

第三套人民币 1 角券（1962 年版）正面主景《教育与生产劳动相结合》 素描：侯一民　手工雕刻：吴彭越

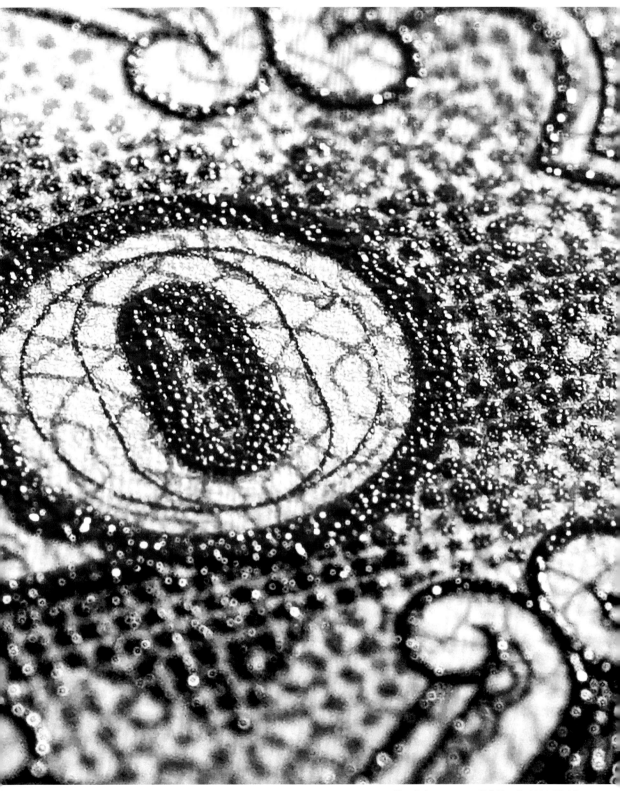

第三套人民币 10 元券装饰图纹（过程样稿）

我爱北京天安门

——鞠文俊灵动劲美刻佳作

"我爱北京天安门，天安门上太阳升"这句歌词人们耳熟能详。

天安门有 500 多年厚重的历史底蕴，高度浓缩了的中国古代文明和现代文明的内涵，成为全国各族人民向往的地方。1949 年 10 月 1 日，这里举行了中华人民共和国开国大典，由此被设计入国徽，并成为中华人民共和国的象征。

第三套人民币最大面额 10 元券的背面主景图案，依然使用了天安门这一形象。这幅天安门主景图画面元素十分丰富，有广场前的人群、华表、路灯，有城楼上的灯笼、红旗，还有远处的树丛等。雕刻师鞠文俊用细腻的点线，将这种复杂的远近关系处理得繁而不乱、恰到好处。粗线与细线的搭配，实线与点线的呼应，更让城楼成为票面上最突出、最醒目的存在。

第三套人民币 1 元券、2 元券、5 元券、10 元券的背面主景，都是中国第二代手工雕刻大师鞠文俊的杰作。

鞠文俊生于 1910 年 12 月 6 日，湖北云梦人。15 岁师从武汉印书馆的吴昔珍学习雕刻制版技术，28 岁在重庆京华印书馆任雕刻技师，31 岁在重庆中央印制厂供职，36 岁到上海印制厂（现上海印钞

第三套人民币 10 元券背面

第三套人民币 10 元券背面主景《天安门》　手工雕刻：鞠文俊

有限公司的前身）工作。1951 年他 41 岁时借调到北京印钞厂，先后完成很多紧急而重要的票证原版雕刻任务。1956 年他被聘为雕刻工程师，1957 年 9 月正式调入北京印钞厂工作，进入了他钢凹版雕刻创作的辉煌时期。1970 年底，他退休后又返聘至 1975 年。1991 年 7 月 27 日在北京病逝，享年 81 岁。

第三套人民币 1 元券背面的《天山放牧》和 2 元券背面的《石油矿井》、5 元券背面的《露天采矿》、10 元券背面的《天安门》等风景佳作，都是鞠文俊技艺鼎盛时期的代表作。他的雕刻作品准确地把握了素描原稿，雕刻景物层次丰富而又简约得当，将雕刻技法发挥得淋漓尽致，展现出高深的艺术修养和极富才华的雕刻功力。

鞠文俊将铜版雕刻技法，恰如其分地运用在钢版雕刻中，使钢版雕刻线条灵动劲美。他对版纹深浅宽窄与疏密曲直的理解具有很高的造诣，他的作品在冰冷的钢版上绽放出绚烂的生命！

第三套人民币 5 元券背面主景《露天采矿》　素描：侯一民　手工雕刻：鞠文俊

煤矿是我们的能源矿产，是人类工业时代重要的支柱。

画面很好地表现了开采露天煤矿的情景，相当规模的机械化，分斗把煤块送上传送带，然后源源不断地装到火车上，运往祖国各地。

雕刻师鞠文俊刀法粗劲有力，层层推进，用针法从近景一直推向很深远的地方，其中的虚实处理，打破了线条横直的平板。高架林立，车来车往，烟雾飘曳，画面光影分明，色块清晰明快，表现出不同物体的质感，有强烈的塑造感。

整个画面没有出现人物，表现出当时机械化程度较高的工作场景，展现了我国煤炭工业发展的良好前景。

第三套人民币 5 元券背面

　　我国曾经戴着一穷二白的帽子，是一个贫油的国家。在 20 世纪 50 年代，玉门、克拉玛依油田的发现引起轰动，有一首歌叫《马儿啊，你慢些走》，就是表现了这个重大的题材。

　　《石油矿井》是一幅极其成功的作品。画面横的地平线，竖的井架，构图极其简洁。雕刻师鞠文俊用刀刻画出钻井钢架的结构、地面上不同的车辙，显示忙碌的景象。

　　鞠文俊用充满硬度与力度的线条，表现井架的高耸气势；用深浅变化的刀法，体现井架前后的透视空间；以线条排列的疏密交错，渲染画面的深远意境；使作品既简洁又富有艺术魅力。

第三套人民币 2 元券背面

第三套人民币 2 元券背面主景《石油矿井》　素描：侯一民　手工雕刻：鞠文俊

点线间的自然之歌

　　第三套人民币1元券背面主景图《天山放牧》，是一幅悠扬的浪漫主义作品。

　　白雪皑皑的连绵远山、郁郁葱葱的林场、袅袅升腾于林间的雾气、悠然吃草的牛羊，天山脚下，宁静牧场，一片生机盎然，凸显出整个画面的主角——那个策马而来的牧羊人。

　　雕刻师鞠文俊善于在尺幅不大的钞票中，以精湛的雕刻手法梳理复杂的景物关系。他运用点线造型技巧，重点刻划走在前面的羊的形体和动态，生动而又活泼；又利用顶光效果，从整体上把握，繁简有致地表现了千姿百态的大片羊群。

　　他不拘泥于松柏和牧草的具体形态，采用娴

第三套人民币 1 元券背面主景《天山放牧》　　素描：侯一民　　手工雕刻：鞠文俊

熟的刀法让人感受林木的生机与深远，借助针刻手法让人感受草地的丰美和茂盛。

　　远处的山峦，则仅用短点线的走向和疏密来表现，显得朦朦胧胧，有一种空气透视感。重色调的森林和白色的羊群互相衬托，在草地、羊群、小河、森林和山峦的自然风光中，骑马挎枪的牧民，起到了画龙点睛的作用，形成轻音乐般的抒情画面。

第三套人民币 1 元券背面

第三套人民币 5 角券背面图景：国徽和棉花桃　设计：高振宇

第三套人民币 2 角券背面图景：国徽和牡丹花

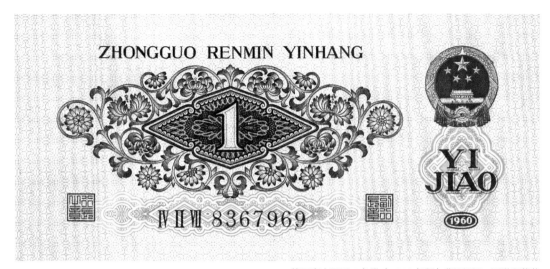

第三套人民币 1 角券（1960 年版）背面图景：国徽和菊花

第三套人民币 1 角券（1962 年版，深棕）背面图景：国徽和菊花

第三套人民币 1 角券（1962 年版，棕色）背面图景：国徽和菊花

变化无穷的装饰雕刻

世界多数国家的钞票及有价证券，采用高精度雕刻机雕刻美术图形，其线条精致，独特，防伪能力极强，一般手工难以仿制，这对提高钞票的信誉和地位有重要作用。

第三套人民币部分券别局部装饰　雕刻：赵亚芸、耿生发等

　　雕刻人员利用雕刻机的几何纹样特点，采用新的制版工艺技术，巧妙将防伪技术与民族藻井图案相结合。纹样从中心向外呈现多层变化，向外第四五层开始出现黑白接线变化，最外层由白线、黑线、圈线及部分黑地组成。从整个花形看，很像中国藻井图案结构形式，层次变化万千，庄重美观。

第三套人民币部分券别机器雕刻与手工雕刻相结合的装饰图案

① 沈乃镛 ② 张永信 ③ 柯大讷 ④
⑤ 高振宇 ⑥ 贾鸿勋 ⑦ 宋 凡 ⑧
⑨ 林文艺 ⑩ 王雪林 ⑪ 王益久 ⑫
⑬ 白士明 ⑭ 鞠文俊 ⑮ 贺元龙 ⑯
⑰ 李淑英 ⑱ 刘国桐 ⑲ 薛书桐 ⑳
㉑ 刘延年 ㉒ 李曼曾 ㉓ 高厚荃 ㉔
㉕ 高增基 ㉖ 石大振 ㉗ 苏席华 ㉘
㉙ 贾绪丰 ㉚ 张作栋 ㉛ 吴彭越 ㉜

　　这张照片拍摄于 1963 年 10 月，记载了北京印钞公司设计雕刻人员欢聚一堂，欢送人民币设计元老王益久光荣离休的精彩瞬间。照片上，人民币设计雕刻人才群英荟萃，老中青三代雕刻技师群贤毕至，留下了经久难忘的历史记忆。

　　王益久和沈乃镛最早在晋察冀边区银行从事边币设计，是第一套人民币最早的设计者和雕刻者。张作栋是统辖原版设计和制作的领军之人。林文艺、刘国桐分别是雕刻风景人像和文字的专家。吴彭越、鞠文俊此时正担当人民币主景雕刻的重任。宋凡、高振宇、赵亚芸、苏席华、薛书桐、耿生发是承上启下的中坚力量。高厚荃、贾绪丰、高增基、王雪林、张永信是机械工艺雕刻的专家。刘延年、贾鸿勋、石大振是人民币设计组成员。

　　这张珍贵的合影照片是由吴彭越徒弟白士明提供的。白士明 1955 年参加工作，1956—1964 年在北京印钞公司设计雕刻室，师从吴彭越学习手工雕刻技术。1965 年后调任公司党委秘书、东河公司 501 厂党委书记、石家庄印钞厂筹建办公室主任。

第三套人民币 5 元券钢版局部

群英荟萃雕精品

1987 年，第四套人民币正式发行。

各面额票面正面主景均为人物肖像。人物形象雕琢，不难于形而在于神，因此有"验证雕刻师技艺高低的试金石"之称。而中国的雕刻师们，在这块试金石上擦出了耀眼的光泽，创造出第四套人民币精美绝伦的艺术价值。

"形具而神生"。要达到至高的艺术境界，雕刻师必须准确把握外在的人物形态，吸取少数民族文化的内涵精髓，并在此基础上追求雕刻对象内在精神的表达。

在第四套人民币上，人们看到了领袖人物的高瞻远瞩，看到了工农知识分子的意气风发，看到了各民族文化的异彩纷呈，看到了祖国大好河山的挺拔峻美。

这些或庄重，或灵动，或奔放的雕刻艺术语言，达到了极高的审美境界！

第四套人民币

艺术性与民族性交相辉映
——第四套人民币雕刻概述

1987 年，一套五彩斑斓的钞券发行了，这就是第四套人民币。

第四套人民币自 1987 年 4 月 27 日公开发行，共发行了 9 种面额、14 种版别。

这套人民币诞生在改革开放初期，各面额票面正面主景均为人物肖像，加之充满中国文化符号的装饰元素，呈现出精美绝伦的艺术表现力。在主题内容、设计风格和印制工艺上都有一定的创新和突破，展现了在党的领导下各族人民团结一致，努力建设一个开放、富强的中国。

第四套人民币的精妙在于凹版雕刻。严谨的布局、生动的造型、鲜活的刻画，体现出凹版雕刻的本质特征。所谓"形具则神生、衔华而佩实"，雕刻者必须准确把握人物的外在形态，吸取少数民族文化的内涵精髓，并在此基础上追求内在精神的表达。在雕刻师们的雕刻刀之下，各民族形象的轻盈灵动、浑厚坚毅，工农知识分子的睿智自信、意气风发，领袖人物的光影神采、挺拔伟岸，让人们感受或庄重，或灵动，或奔放的雕刻语言。

第四套人民币是一曲华彩乐章，它的审美境界，是两代雕刻师共同奉献的杰作。苏席华、高振宇、宋凡、赵亚芸、徐永才、吴依正、花瑞松等，他们继承了凹版雕刻的精髓，并将这种技艺发扬光大。

第四套人民币是政治性、艺术性和民族性的高度统一，也是极具绚丽色彩的人民币系列。它独特的设计制作理念，使这套人民币既有改革开放的鲜明时代特征，更具浓郁的中国民族特色。

后排：苏席华（左一）　　张作栋（左二）　　薛书桐（左三）　　高振宇（左四）　　刘益民（左六）　　孔维云（左七）
　　　　刘大东（左八）　　陈泽耄（左九）
前排：马荣（左一）　　赵亚芸（左三）　　李燕春（左四）　　吴彭越（左五）　　耿生发（左六）　　宋凡（左七）

　　这张 1982 年拍摄于北京房山十渡的老照片上，有第二代手工钢凹版雕刻大师张作栋、吴彭越，第三代雕刻师宋凡、高振宇、赵亚芸、苏席华、耿生发，有刚入职不久的马荣、孔维云、刘益民、刘大东等未来的第四代雕刻师。斗转星移，三十四年后的 2016 年 4 月，照片上站在最前面的马荣被中央电视台誉为"国宝级的顶级工匠"，被评为"大国工匠"。

伟大的定格

——苏席华精雕细琢伟人像

第四套人民币100元券正面主景是毛泽东、周恩来、刘少奇、朱德四位领袖的浮雕像，这是第四套人民币各面额票面主景中的重中之重。

手工雕刻大师苏席华以炉火纯青的雕刻手法，运用45度斜线配合粗细和深浅不同的版纹变化，塑造出四位领导人的不同形象和气质。在一字排开的人物组合中，表现出了人物排列的空间感。精细的线条，恰到好处地表现了白色浮雕的质感和光影的微妙变化。这一主景雕刻的点线布局，采用互为平行的主辅线与点的结合表现人物形象，以版纹的深浅交织形成独特的浮雕效果，实现了严谨而不刻板的生动感、严肃而不失灵动的和谐感，完美展现了四位伟人的光辉形象。

第四套人民币100元券正面　发行时间：1988年5月10日

第四套人民币 100 元券正面主景《毛泽东、周恩来、刘少奇、朱德四位领袖浮雕像》 人像素描：侯一民　手工雕刻：苏席华

　　苏席华善于使用精细的雕刻线条表现细节层次。他刀工纯熟，雕刻出的线条光洁流畅。在线条排列上做到粗而不糙、细而不腻，人物形象准确、结构清晰是他在钞票雕刻创作中的长期追求。

　　《毛泽东、周恩来、刘少奇、朱德四位领袖浮雕像》的设计风格是浮雕，若使用传统曲线雕刻技法，虽然可以雕刻，但无法更好地表现出原设计的美感。苏席华对传统雕刻技法进行大胆改良，使用平行直线与交叉线进行雕刻，更好地体现了浮雕的设计之美。

　　苏席华，1933 年生于河北保定，1955 年毕业于河北金融学院。北京印钞公司高级工艺美术师，曾获中国人民银行印钞造币系统功勋奖章、首都"五一"劳动奖章，享受国务院颁发的政府特殊津贴。

第四套人民币 50 元券正面　发行时间：1987 年 4 月 27 日

雕刻大师苏席华自述（2018 年 4 月）：

手工雕刻分为文字、装饰、风景和人像四个专业，人像的雕刻技艺要求最高，难度最大，贡献也大。

　　1957 年我调入设计雕刻室，专业是学习文字雕刻。我参加工作之前学的是会计，一点雕刻绘画概念都没有。党组织多次安排我参加脱产或不脱产的素描及造型理论的学习，1956 年至 1958 年先后跟中央美术学院毕业的贾鸿勋老师学写美术字，在中央美术学院李斛教授的辅导下学习素描及理论。1975 年 11 月至 1976 年 3 月，参加了印制管理局举办的素描学习理论班。1980 年 10 月后，参加中央美术学院张明骥老师举办的素描培训班，我每周学习八小时，领导还派中央美术学院的侯一民教授结合任务指导我们提高绘画水平。

　　我跟刘国桐老师学习文字雕刻，从刻大小写的印刷体的英文字母，到刻汉字、草书、隶书、楷书等字，各种深浅线花纹以及拼接各种繁简不同的花纹，从刻刀的使用，各种表现方法的灵活运用，刘老师都是不厌其烦地手把手教我，使我掌握了过硬的刻功和文字雕刻知识，为我刻装饰、风景特别是人物打下扎实的刀刻基础。

　　1964 年刘老师退休后，我接替了老师的工作，负责或单独完成了 20 多个产品的文字、花纹、装饰、风景、人像、国徽等雕刻任务。在完成好文字雕刻任务、有富余时间的前提下，我虚心向老师傅学习装饰、风景雕刻技巧。赵亚芸师傅教我刻装饰，鞠文俊师傅教我刻风景，吴彭越师傅教我刻人像，老师傅们的耐心教导和精神上的鼓励，鞭策我不断前进。

　　我利用每周仅有的一天休息时间和工余时间，坚持数年学习绘画技艺，补上了我的短板。我坚持不懈地学习多方面的雕刻技艺长达 26

第四套人民币 50 元券正面主景《工人、农民、知识分子头像》　人像素描：侯一民　手工雕刻：苏席华

知识分子形象走上人民币票面，意义非凡。

在 1978 年 3 月召开的全国科学大会上，邓小平提出"科学技术是第一生产力""知识分子是工人阶级的一部分"，中国迎来了科学的春天、知识分子的春天。

人像雕刻，不仅需要准确的造型，更需要神态的传达。工人、农民、科技人员，他们所从事的职业必然会影响他们的外在形象。

苏席华在塑造工人形象时，运用充满力度的线条，强化脸部刚毅的轮廓，凸显工人坚强的形象。在刻画农民形象时，着力表现其饱满的精神状态。在雕刻科技人员的形象时，重点刻画面部细节的生动表情，体现知识分子的睿智与自信。

年之久，才最终进入刻人像的行列。我学刻人像，方法也有创新，我是在优秀人像雕刻作品上附上透明胶片，用刻针描刻点线，这样比别人按传统方法在钢版上仿刻方便快捷，且拿得起放得下，从中学到了许多高水平的雕刻技法，少走了许多弯路，为我日后刻人像打下了坚实的基础。

在五十岁进入雕刻人像行列时，我担任手工雕刻班长，后又担任设计室不脱产的副主任，承担着制作钢凹原版的安排调度工作，既要上连下通做好组织协调工作，又要传授技艺和带徒弟完成文字雕刻工作。在繁忙的工作条件下，我参加了所有的人像雕刻竞赛，我雕刻的100元、50元、10元三个大面额正面主景人像均被选用，为完成第四套人民币的原版任务作出了突出贡献。

100元券是第四套人民币雕刻中的重中之重，首次在钞票上使用毛泽东、周恩来、刘少奇、朱德四位伟人的头像，首次在钞票上采用浮雕风格的艺术形式，首次在原版上雕刻大人头像。刻大人头像表现出形神兼备的艺术作品，难度更大，更难伪造……

我拿到设计稿非常激动，压力也非常大：一是内容上为四个伟人像，这在国际范围内尚属首次，我能参与雕刻深感荣幸；二是设计稿为浮雕，浮雕雕刻在国际上也是首次。

为了能更好地表现四位浮雕人像的设计之美，我对传统的曲线雕刻技法进行大胆改良，使用平行直线与交叉线进行雕刻，达到了非常理想的艺术效果。

人民币雕刻太难了，无论是雕刻前还是雕刻后都倍感压力，作为互相竞争的雕刻师，雕刻出的作品没有冠军与亚军，只有选用与淘汰。作品的好坏也不像其他领域那么明显，成败往往只在一点、一线、一个细节或者评委的喜好。

"工作是皮筋，关键看你拉不拉"，人要勤奋才能出成果、才能出作品，只有执着、敢于克服困难、拥有梦想，才能成功。

在我的雕刻生涯中，最值得骄傲的事情是雕刻了《毛泽东》、《刘少奇》、《华国锋》、《宋庆龄》等领导人头像。我刻的《毛主席在工作》等雕刻作品被毛主席纪念堂、毛主席故居收藏，被用于《毛主席永远活在我们的心中》纪念册里，在《中国印钞造币报》上发表。每幅作品都需要耗时半年以上的工余时间，所刻刀数都在百万刀以上，饱含着我巨大的心血和技术精华。

我还雕刻了古巴钞票上的两个大人头像；我撰写的《论手工雕刻人像》的论文，在第九届太平洋沿岸国家印钞会议上宣读，填补了我国在国际印钞界没有人像雕刻论文的空白；我竞争雕刻的《伊丽莎白二世女王肖像》，得到奇奥利公司给予的很高评价，并应英国皇家印钞厂厂长的要求，北钞厂长将其作为礼品赠送给了他；我竞争雕刻的《宋庆龄肖像》被宋庆龄基金会采用，这些都为我国的印钞事业争得了荣誉。

我注重培养手工雕刻人才，从教授徒弟刻文字伊始，即要求他们打好刻文字的基础，同时安排他们练习刻装饰，以掌握针刻和使用钢版腐蚀液的基本功。我告诉他们既不能像我一样马拉松似的学技术，更不能像我的老师那样一辈子只会刻文字，现在的学习和磨炼是为他们日后刻风景人像做铺垫。我担任设计室副主任后，又赶上完成第四套人民币的休整期，面对人像雕刻人才青黄不接的状况，我就组织有

《工人、农民、知识分子头像》钢凹版（局部）

一定雕刻基础的老中青雕刻人员全部投入攻克人像雕刻技术上，打破了 1908 年以来由美国雕刻师传承下来的三六九等的分工界限，消除了专业壁垒，提高了人像雕刻的整体水平，为后来刻第五套人民币提供了人才保障。

退休后，我继续毫无保留地发挥余热。在雕刻第五套人民币 100 元券时，我以示范的形式指导青年雕刻师们雕刻，把我的雕刻经验传授给他们。

我是从一名检封工人改行从事手工雕刻的，是在领导的鼓励和支持下、老师们热情真诚的帮助下成长起来的，首创了"加深深线花纹网眼一刀刻够深度"和"数据控制版纹间距雕刻人像"的雕刻技法，掌握了"补钢绝技"，最终成功挑起人民币人像雕刻的大梁，获得了多项奖励和荣誉。

我衷心感谢组织的培养，北京印钞有限公司是我成长成才成功的摇篮，是我发挥特长的福地，在此工作是实现我人生价值最有意义的历史阶段，我爱这个企业到永远！

第四套人民币 10 元券正面　发行时间：1988 年 9 月 22 日

第四套人民币 10 元券正面主景《汉族、蒙古族人物头像》 人像素描：侯一民 邓澍 手工雕刻：苏席华

手雕线条的极致精细

一张钞票之所以精美，在于雕刻师一针一刀精雕细琢所打造出的极致美感。在第四套人民币 5 元券上，我们看到了这样的动人心魄的艺术形象。

在这张钞券人像雕刻中，最大特点就是精致。我们看到，藏族人像的帽子，以极其细密的点线结合，将皮毛蓬松的质感表现得相当出色。在表现回族男性的胡子时，雕刻师采用了同样的刀法，取得了同样的效果。

通过雕刻来实现轻盈、蓬松的质感非常不易，这需要雕刻师对点线的设计准确无误，对深浅轻重的把握恰到好处。

精致，不单指线条宽密与深浅，它所表达的是各种粗细不同的点线在雕刻后形成的特殊形态。雕刻师在一点一线之间，赋予了点线深刻的艺术内涵，也为观赏者展现了精湛的雕刻技艺与充沛的艺术感染力。

第四套人民币 5 元券正面

第四套人民币 5 元券正面主景《藏族、回族人物头像》 人像素描：侯一民　邓澍　手工雕刻：李斌

艺术语言中的民族风情

——徐永才形神兼备雕人像

第四套人民币1元券与2元券，分别由侗族、瑶族及维吾尔族、彝族两组少数民族女性组成。这些充满民族风情的形象，以精准的布局，把握人像的准确；以均匀的点线，体现人物的安宁；以迷人的曲线，表现女性的柔美。

在雕刻师徐永才的刻刀下，维吾尔族姑娘眼神深邃，彝族姑娘含蓄微笑，侗族姑娘有着质朴的外表，瑶族姑娘流露出沉静的性情。这些人像塑造，构图沉着、造型饱满、情绪丰富，代表雕刻艺术的极高境界。

在凹版雕刻中，线条是最直接、最朴素，也是最华丽的艺术语言。由于女性造型往往取决于发型样式，这给了雕刻师充分发挥的机会。

在1元券侗族女性的盘髻中，我们看到一根根线条轻盈灵动、浑圆婉转。这些线条，既像运动轨迹般自由流畅，又似在表达丰富的情感世界。

人像雕刻的最高境界就是形神兼备。在这两张钞券中，我们看到了雕刻师"以意驱刀，心手相应"的艺术境界，看到了艺术语言所传递的雕刻之美。

第四套人民币2元券正面　发行时间：1988年5月10日

第四套人民币 2 元券正面主景《维吾尔族、彝族人物头像》　素描：侯一民　邓澍　手工雕刻：徐永才

手工钢凹版雕刻大师徐永才，1944 年出生于上海，1962 年从上海美术专科学校毕业，进入上海印钞公司，开始了近五十年的雕刻生涯。徐永才以细腻的刀法、流畅的线条，雕刻了第四套人民币中的 1 元券和 2 元券的主景图案，他将人物形象刻画得惟妙惟肖，为专家称道"技艺精湛、形象传神、造型优美，完美地表现出少数民族人物的特性美"。其中 2 元券中的维吾尔族、彝族少女头像被《国际钱币制造者》一书作为雕刻佳作推荐给全世界。

自 1993 年起，徐永才又分别参与了中国银行 1000 元港钞、中国银行 500 元澳钞的凹版雕刻。

20 世纪 90 年代中期，第五套人民币的研发开始启动，其中的 100 元券是毛泽东头像首次出现在人民币上。这幅作品正是出自徐永才之手，他将毛主席伟人的气质神形兼备地呈现出来。此后 2005 年版 100 元券上的毛泽东肖像，依旧采用他的作品。

在钞券雕刻领域，徐永才以其出色的技艺声名远扬。在国库券、债券、股票、邮票等领域中，他的雕刻技艺同样获得极高的评价。他雕刻的长城，应用在最新版电子护照上，大大提升了护照的艺术表现力。

徐永才出色的工作成果赢得了诸多荣誉。他是正高级工艺美术师，享受国务院政府特殊津贴，也是上海市劳动模范。

第四套人民币 1 元券正面　发行时间：1988 年 5 月 10 日

第四套人民币 1 元券正面主景《侗族、瑶族人物头像》 素描：侯一民　邓澍　手工雕刻：徐永才

"随形布线"绽放炫彩

——宋凡才华横溢独具匠心

第四套人民币 5 角券上的苗族和壮族女青年组合肖像也是令人称道的佳作。

在这幅作品上，每一个点、每一条线都表现出别具匠心的雕刻设计。雕刻师宋凡把中国绘画艺术中的"随类赋彩"与雕刻艺术的"随形布线"相结合，表现出人物形象与头饰、服饰的不同质感。

宋凡把西洋绘画中立体光影和虚实变化手法，运用到雕刻点线的粗细、疏密、深浅变化上，表现人物整体的丰富层次。他创造性地使用机刻加手工制作的几何花纹，塑造了苗族姑娘衣领上的装饰纹样，使凹版雕刻艺术表现手法突破固有观念，开创了手工凹版雕刻艺术的崭新思路。

毫无疑问，苗族、壮族女青年的头像，是宋凡在人民币上留下的一个极其成功的作品。这幅作品因其艺术价值，被展示在中国印钞造币博物馆的突出位置。

第四套人民币 5 角券正面

第四套人民币 5 角券正面主景《苗族、壮族人物头像》 素描：侯一民 邓澍 手工雕刻：宋凡

宋凡，曾用名宋广增，1924 年出生于河北省肃宁县，1938 年投身革命。由于年少时接受擅长书法篆刻的父亲指点，他能写会画，在部队从事文教宣传工作。

1949 年，25 岁的宋凡调入北京印钞公司设计室，拜在我国第一代钢版雕刻大师吴锦棠门下。

成长为一名出色的手工钢版雕刻人员，一般需要十年乃至更长的时间。由于有较好的绘画基础，又有名师精心指点，短短数年，宋凡的雕刻技艺便有了长足的进步。

1959 年，他就读于中央美术学院，雕刻技艺得到了进一步提高。扎实的雕刻功底加上美术学院的专业深造，宋凡探索出了自己的雕刻风格。

1978 年，他在雕刻《契诃夫》人像时，

宋凡雕刻少数民族人头像过程稿

将国内外雕刻人像服装习惯采用的波浪式大斜纹刀法，改为机刻花纹腐蚀法，取得了很好的艺术效果。这种雕刻方法为他日后雕刻第四套人民币5角券打下了坚实的基础。

机刻花纹腐蚀法具有独特的艺术效果。著名美术家侯一民认为，这个雕刻方法能够将5角券中苗族和壮族两种复杂的民族头饰和服饰，更加精细地雕刻出来。宋凡承担了这张钞券的雕刻工作，在他的雕刻之下，人物线条流畅，画面精致细腻，形象栩栩如生。

宋凡雕刻技艺全面，无论是装饰、风景雕刻，还是文字、人像雕刻，样样精通。他注重雕刻技艺与绘画、文学、艺术的结合，创作了中国银行5元外汇券黄山形象，以及《列宁》《宋庆龄》《黄山迎客松》等佳作。

宋凡的一生都在追求艺术。1998年，正在忙于编书的宋凡突发心脏病不幸去世。原在北京印钞公司从事过制版工作、曾任文化部常务副部长和中国文联党组书记的高占祥在《宋凡的中国古塔精绘钢笔画》一文中写道：

"五十年代，我在北京印钞厂工作，即与宋凡相识。他自幼受其父的影响，六七岁时就开始描红模纸子，写大字，背古诗，受到良好的家教。1938年他参加革命，先在冀中军区战线剧社、国防剧团从事宣传文教工作，后调晋察冀边区银行。

新中国成立后，宋凡被委派到北京印钞厂设计室，拜我国第一代钢版雕刻大家吴锦棠为师，学习钞票、有价证券的原版制作。从此，他与钢版雕刻结下了不解之缘。五十年代后期，他雕刻的邮票作品，得到有关专家的赞誉。六十年代，他又到中央美术学院深造了5年，师从罗工柳、侯一民、李天祥、李桦、靳尚谊等著名教授，进而更加丰富了艺术理论，练就了扎实的基本功。

几十年来，他用特制的刻刀，在钢版上鬼斧神工般地镌刻出一幅幅风景、人物、装饰图案等佳作，成就斐然。只是由于在人民币原版制作的特殊岗位上，他和他的同事们的事迹一直鲜为人知。近十多年，随着改革开放，他的事迹方渐渐远播。海外有识之士称他的钢版雕刻技艺可与当今世界一流的钢版雕刻家比肩。

更为可贵的是，宋凡不仅是一位擅长书法、篆刻、绘画的多才多艺的钢版雕刻家，还是一位传授钢版雕刻技艺颇有独到之处的园丁。三十年来，他培养、点拨的年轻人，如今大多成为我国钢版雕刻界的骨干，或有成就的美术专家。"

第四套人民币 2 角券正面主景《布依族、朝鲜族人物头像》 素描：侯一民 邓澍 手工雕刻：李斌

第四套人民币 2 角券 发行时间：1988 年 5 月 10 日

第四套人民币 1 角券正面主景《高山族、满族人物头像》 素描：侯一民 邓澍 手工雕刻：高振宇

第四套人民币 1 角券正面 发行时间：1988 年 9 月 22 日

《苗族、壮族人物头像》

《布依族、朝鲜族人物头像》

《高山族、满族人物头像》

《维吾尔族、彝族人物头像》

《汉族、蒙古族人物头像》

《侗族、瑶族人物头像》

《藏族、回族人物头像》

第四套人民币主景图案上的民族头像

巍峨雄壮的井冈山

这张 100 元券的背面主景是井冈山主峰——五指峰，海拔 1438 米，位于井冈山茨坪西南六公里处，因峰峦像人手的五指而得名。

五指峰巍峨峻险，峰峦由东南向西北伸延，绵亘数十公里，气势磅礴，至今杳无人迹，是个神秘世界，人只能站在隔岸的观景台上远望其巍峨的雄姿，是保存完好的原始森林，现已被列为自然保护区。

井冈山，被誉为"中国革命的摇篮"。1927 年 10 月 24 日，毛泽东率领的秋收起义部队路经五指峰，来到了井冈山，创立了中国共产党领导下的第一个农村革命根据地。

雕刻师吴依正以娴熟的雕刻技艺，用疏密有致的点线组合，刻画出井冈山险峻雄伟的气势；用纵横交错的长短线条，表现沟壑纵横与逶迤连绵的山峰；用形状丰富的线条刻画出错落有致的树木，用极为精致的点线刻画茂密的树叶，表现出雕刻师一丝不苟的工匠精神。

第四套人民币 100 元券背面

第四套人民币 100 元券背面主景《井冈山主峰》 素描：侯一民 邓澍 手工雕刻：吴依正

　　1965 年 5 月，毛泽东回到阔别多年的井冈山，挥笔写下了《水调歌头·重上井冈山》：

　　久有凌云志，重上井冈山。千里来寻故地，旧貌变新颜。到处莺歌燕舞，更有潺潺流水，高路入云端。过了黄洋界，险处不须看。

　　风雷动，旌旗奋，是人寰。三十八年过去，弹指一挥间。可上九天揽月，可下五洋捉鳖，谈笑凯歌还。世上无难事，只要肯登攀。

奔腾咆哮的壶口瀑布

——高振宇激情澎湃雕黄河

　　黄河是中华民族的母亲河，她从青藏高原出发，辗转于辽阔的北国腹地，蜿蜒于陕晋交界的壶口，滔滔河水呈万马奔腾之势。

　　如何运用雕刻特殊的技艺，来表现黄河壶口瀑布的气势？

　　雕刻师高振宇以黄河的象征意义为核心，巧妙应用钢版雕刻特有的针刻腐蚀法，先以舒缓的线条表现由远及近的河流，再以微弱变化的线条表现周围起伏的山峦。在表现壶口瀑布时，用断续和跳跃的短线，表现跌落、翻滚、蒸腾的瀑布流水。表现画面左边的近景巨石，则用稚拙的粗线形成浓重的深色，衬托出浪花的飞舞。

　　这些对比反差强烈的线条极好地表现了黄河奔腾、咆哮的壮美景观。

　　高振宇用另一种艺术手法，将"黄河之水天上来"的磅礴大气呈现在方寸之间。

第四套人民币 50 元券背面　　发行时间：1987 年 4 月 27 日

第四套人民币 50 元券背面主景《黄河壶口瀑布》 素描：侯一民 邓澍 手工雕刻：高振宇

手工钢凹版雕刻家高振宇从事凹版雕刻比较偶然，这使他庆幸选择了一个让自己终身快乐的职业。

1945 年，高振宇初中毕业来到北平印刷局（今北京印钞有限公司）做工。在此期间，他遇到了年轻的雕刻师孙鸣年。这位雕刻师颇不寻常的气质，让少年高振宇对雕刻师这个职业不禁心向往之。

1949 年，高中毕业的高振宇开启了凹版雕刻生涯。他有幸得到吴锦棠的启蒙，而后又得到了吴彭越的指点，并深受后者教益。

20 世纪 50 年代，我国凹版邮票大多由印钞企业印制。1954 年，年仅 25 岁的高振宇雕刻完成了第一块邮票版《天兰铁路》。此后六年间，他共雕刻了 18 块邮票版。在"建国三十年最佳邮票评选"中荣获"最佳邮票"称号的关汉卿戏剧创作七百年纪念邮票，其中《望江亭》雕刻版出自高振宇之手。英国 1958 年出版的《集邮者年鉴》，将《望江亭》评为当年世界十枚最佳邮票之一。

自 1959 年起，高振宇在国内外钞票、票证等的雕刻上展露出过人才华。第四套人民币 50 元券主景图黄河壶口瀑布、外汇兑换券 100 元主图长城，以及我国第一块国际商业性原版——西萨摩亚领袖像，都是他代表性的作品。

这些作品的艺术水平如一座高峰，融入了雕刻师全部心血和感悟。高振宇还尝试用凹版雕刻绘制中国古代名画，完成了宋代范宽的《雪景寒林图》和明朝吴伟的《溪山渔舟图》。

将凹版雕刻视为生命中重要的部分，从凹版雕刻中感受生命的快乐，高振宇对凹版雕刻独到的艺术追求，足以为他在中国钞票原版雕刻的舞台上赢得一席之地。

第四套人民币 50 元券背面钢凹版

　　著名美术专家侯一民创作的《黄河壶口瀑布》素描稿，画面上大部分是水，要在人民币凹版方寸之间刻画出奔腾的浪花，在浅色调中表现出水的灵动，需要极其精湛的雕刻技艺。

　　"雕刻这幅画，重点就是水，难也难在这点水"高振宇说，当时他是对着素描稿雕刻的，"这个画面比较难刻，要表现壶口瀑布的那种汹涌澎湃，那种水波浪溅起来的水花，水流以及水花碰撞在一起激起的各种旋涡和变化，用雕刻的手法不太容易做到。"

　　高振宇在雕刻这幅作品的一个多月时间里，每天对着素描稿精心构思，用非常细腻的点线，精雕细琢地刻画出飞溅的浪花、悠远的河道、千姿百态的流水。

　　画面上，壶口瀑布的近景岩石浓墨重彩，远景水天一色，水汽升腾，壮观的瀑布奔腾而来……

　　高振宇以出神入化的技艺，刻画出"黄河之水天上来"诗一般的状美意境。

方寸间的磅礴大气

　　攀上珠穆朗玛峰的顶端，是无数人的梦想，仿佛天空也能触手可及。

　　钞券上图案雕刻的尺幅只在数寸之间，如何将这座令人仰望的山巅完美呈现出来，难度可想而知。是雕刻师吴依正，运用精巧绝伦的技艺，以疏密交织的点线，呈现出山、石、影之间层层而上的递进感，再现了这座山峰的高大伟岸。在环境的处理上，他或用细密的点线，表现云、雾、雪的轻柔与飘忽；或用准确的光影色彩，渲染青藏高原的巍峨。于是，在方寸之间，一座珠穆朗玛峰，一个磅礴大气的胜景，展现在世人面前。

第四套人民币 10 元券背面主景《珠穆朗玛峰》　素描：侯一民　手工雕刻：吴依正

第四套人民币 10 元券背面　发行时间：1988 年 9 月 22 日

雄奇险峻数巫峡

——吴依正巧夺天工雕山水

　　一位钞票凹版雕刻师，如果有一幅作品在人民币上得到使用已属幸运之事。假如能有三幅作品在同一套人民币上得到应用，一定是大师级的人物。

　　第四套人民币5元券上的《长江巫峡》、10元券上的《珠穆朗玛峰》和100元券上的《井冈山主峰》均出自同一人之手，这就是专攻风景雕刻的雕刻师吴依正。

　　吴依正生于1945年，1966年毕业于中央美术学院附中，1973年师从雕刻大师吴彭越学习雕刻技术。

　　吴依正雕刻的许多作品都与山有缘，与水有情。这幅《长江巫峡》气势磅礴，两岸悬崖峭壁、山峦起伏、层峦叠嶂。雕刻师根据风景的特点采用了不同的雕刻手段以细腻丰富的点线表现长江巫峡的雄伟壮观，像一首抒情诗，歌颂了祖国的大好河山。

第四套人民币5元券背面　发行时间：1988年9月22日

第四套人民币 5 元券背面主景《长江巫峡》　素描：张凤山　侯一民　手工雕刻：吴依正

　　他雕刻风景时的针刻腐蚀技术堪称一绝，点点线线的微妙变化，配合药水腐蚀的晕染层次，效果出神入化。

　　中国银行外汇券上的漓江、桂林象鼻山是令人称赞的佳作。首套中国银行香港钞票上的九龙半岛景、首套中国银行澳门钞票上的澳门西湾景，都是他成熟期的雕刻作品。大幅雕刻艺术作品《白帝庙》《黄鹤楼》《毛主席纪念堂》《南天门景》同样是精雕细刻的典范。他还用创新手法在玻璃上雕刻《石油化工厂》《遵义景》《白雪石国画》《桂林山水图》等作品，凹版雕刻效果别具一格。

　　吴依正还雕刻了第五套人民币 20 元券上的桂林山水景，在方寸之间展现桂林风景的清纯秀丽和诗情画意。

请到天涯海角来

　　"请到天涯海角来，这里四季春常在"……
1982 年，一曲《请到天涯海角来》唱响大江
南北，"天涯海角"成为去海南旅游的标志和
代名词。

　　1988 年 5 月 10 日发行的第四套人民币 2
元券，背面主景"南天一柱"石，就坐落在海

南省三亚市的天涯海角风景区。

　　设计师贾鸿勋巧妙构图波涛汹涌的大海上，
"南天一柱"巍然屹立于滔滔海浪之中，碧海
蓝天，海鸥翱翔，给人一种海阔天空的壮美。

　　雕刻师薛书桐以娴熟的技艺，将雕刻的点、
线排兵布阵，刻画出了在苍茫的大海上，海浪

第四套人民币 2 元券背面主景《南海、"南天一柱"》 设计：贾鸿勋　手工雕刻：薛书桐

由小到大、由远及近的波动感，将海浪撞击礁石瞬间所迸发的气势，表现得淋漓尽致。"南天一柱"石，在汹涌激荡的巨浪中岿然不动，蔚为壮观。

第四套人民币 2 元券背面　发行时间：1988 年 5 月 10 日

取势巍峨的万里长城

——花瑞松在钞版上精湛素描

在中国，还没有哪一座建筑有长城那么悠久的历史，那样远播海内外的声名。

因此，长城是中国钞票上呈现方式最丰富的建筑。在雕刻师花瑞松的刀下，第四套人民币1元券上的长城又具有怎样一种魅力？

以花瑞松的观点，长城一要"取势"，二要"古朴"。

所谓"取势"，就是要凸显长城巍峨险峻、气象万千的气势。将一个气势宏伟的大场面浓缩于方寸之间并不容易，这需要极强的把控能力。

长城烽火台采用长线、深点、重刀，清晰的轮廓线凸显长城的造型感。中间由深及浅、渐变过渡，形成多层次的视觉效果。

远处则是浅点加虚线的山峦衬托，形成宏大的空间效应。由此，点、线组成的长城，就像一条遒劲有力的巨龙盘旋在绵延起伏的崇山峻岭之间。

第四套人民币1元券背面　发行时间：1988年5月10日

第四套人民币 1 元券背面主景《长城》　素描：张凤山　侯一民　手工雕刻：花瑞松

所谓"古朴"，就是运用特殊的刀法，充分表现长城砖块沉重、古朴的质感。

雕刻师用横线、点线、交叉线的排列组合，以及深浅不一的雕琢交织，将数百年风雨侵蚀的感觉呈现在世人面前。

这一作品的雕刻者是上海印钞有限公司高级工艺美术师花瑞松，他从事凹版雕刻四十余年。凹版雕刻的一刀一针背后是漫长时光的磨砺。花瑞松曾以"手上出泡、眼睛出血、屁股出茧"来评价这段夯实基础的阶段。20 世纪 70 年代末，花瑞松第一次参与人民币的雕刻。长城形象的成功，使得他在我国钞券凹版雕刻界拥有了一席之地。此后，他活跃于国库券、债券等领域的凹版雕刻。90 年代中期，第五套人民币 100 元券开始研发，花瑞松承担了背面主景人民大会堂的凹版雕刻。

第四套人民币 5 角券背面：国徽和民族图案

第四套人民币 2 角券背面：国徽和民族图案

第四套人民币 1 角券背面：国徽和民族图案

梦幻绮丽的装饰雕刻

钞票之美，不仅在于主景图案的深刻含义，更在于各种装饰的繁花似锦。

传统钞票将装饰艺术发展到极致，可以毫不夸张地说，在一张小小的票幅上，还没有哪一种印刷品，像钞票那样如此繁复、精致、绚丽地堆砌图文装饰。

钞票会有繁密的团花来衬托数字，会有华丽的花边固定票面，会有精致的画框装点图案，会有典雅的角花装饰四周。

凹版雕刻绝非简单地按图雕刻，而是雕刻师精心的艺术再创作。四周的角花，通常采用浮雕式的刀法，即以点、线组合，强调曲面的光影，突出花瓣花朵的质感。花边是交叉线、波纹线、旋涡线的肆意结合，强化雕刻线条的独特魅力。各种团花，则通过各种技法，形成图形的多姿与灿烂。

可以说，装饰雕刻的核心就是装饰艺术最大化。无论是手雕还是机雕，各种线纹、花饰的夸张与变形，将设计美学提高到一个难以企及的高度。在雕刻师的手上，极富巴洛克风格的造型，极具弹性与张力的线条，将装饰艺术的品位提高到一种接近梦幻与奢华的地步。

1810年，奥地利人德根发明了轮式雕花机，根据数学公式刻制图文。1829年，瑞典皇家造币厂雕刻师布罗林研制出一种能够雕刻复杂图案的雕刻机。这些雕刻机通过细密的线纹层层叠加，各类纹饰奇幻骈俪，并且以宽密、粗细、深浅的变化，形成不亚于如今电脑制作的三维效果。

民国时期的钞票装饰艺术，深受西方现代钞票的影响，许多直接移植美国钞票上的各种图案。由于特殊的历史背景，第一套人民币的装饰雕刻，大多沿袭美国钞票这种华美流丽的装饰艺术。

从第二套人民币起，中国符号成为钞票装饰艺术的重要元素。中国的青铜器、传统建筑、民族服饰以及各种花卉纹，成为钞票上装饰元素的主要来源。颐和园长廊上的窗格，变成了钞票上庄重绮丽的花边。青花瓷上的缠绕花枝，化为了钞票上生机勃勃的角花。各种花卉纹，成就了钞票上国色天香的团花。各种雕刻的精绝刀法，又让我们看到了光色盛貌，感受到了繁弦浓烈，这就是装饰雕刻的精髓所在！

当这些精湛的雕刻技艺引来世人惊叹之时，不为人知的，是以耿生发、谭怀英、高振基、阎芬等为代表的一批装饰雕刻师数十年的

第四套人民币部分券别手工雕刻与机器雕刻相结合的装饰图案

第四套人民币 50 元券背面 "夔凤纹" 装饰图案

雕刻：谭怀英等

50 元背面夔凤纹装饰图

　　黄河，是中华民族的母亲河、中华民族伟大的象征，设计师巧妙地把一幅表现中国古代青铜器——夔凤纹图案安排在一旁，上面托着国徽，中间托着文字花纹很恰当。雕刻者用了与以往不同的方法表现，栩栩如生，线条刚劲有力，与黄河壶口瀑布协调，层次变化丰富，龙凤图案上方颜色虽浅但有变化，不太宽的投影有深度，也有变化，铜的质感很强，龙凤图案后边的细雷纹，用多层变点来表现，一方面显出雷纹的效果，另一方面反衬钞票的特点，古朴典雅，耐人寻味。

坚守。刘观润、李鲲普、达世银是第一套人民币装饰雕刻的骨干，武治章、刘国桐、沈彤等人是第二套人民币装饰制作的中坚力量。赵亚芸为第三套人民币装饰制作的核心成员，耿生发、谭怀英等人在第四套、第五套人民币中发挥的作用非比寻常。他们在人民币上留下的印迹，是值得我们书写的！

　　如今，随着数码技术的不断发展，手工装饰雕刻已被计算机软件制作所替代，装饰艺术的形式有了极大的变化。过去无法制作的图案，在今天皆有可能。也许不久的将来，还会有更超乎想象的艺术形式出现。

　　即便如此，传统雕刻依然充满着独特魅力。当人们看惯了软件绘画、电脑制作，厌倦了机械的刻板、数码的夸张，有一天，或许雕刻师们会重新拿起手中的刻刀，让我们再一次感知手雕的味道。

第四套人民币 100 元券背面 "古锦" 装饰图案
雕刻：耿生发、谭怀英等

100 元背面中国古锦装饰图

　　主景井冈山左侧的中国古锦图案，上衬国徽，中托文字花纹。为了衬托井冈山风景，雕刻者没有用太重的色调，而是用比较稀的底纹，以暗花的手法表现，层次变化微妙，线条柔中有刚，并具有一定透明感，把整个票面衬托出来。

222

赵亚芸自述 (1981年11月)：1949年8月1日，我进入北京五四一厂（注：现北京印钞有限公司），开始学习手工雕刻技术。为了补习美术基础，每天半天学习素描，中央美术学院教授佐辉每周来厂一次授课；半天学习雕刻，由技师武治章、刘国桐教导雕刻文字、深浅花纹、简单的装饰。三年中掌握了室内素描和室外写生。

除向技师王益久请教外，听每周来厂的中央美术学院教授雷圭元授课，讲授几何图案的组织、图案的画法和色彩。同时每周到美术学院听课一次，学习美术史。向技师沈彤学习雕刻装饰，美术学院教师李天详、李斛来厂指导。平时由工程师贾鸿勋辅导。四年中掌握了装饰的规律和表现方法，随着雕刻技术的提高，完成了邮票和公债的刻制任务。

1956年后，我开始雕刻装饰暗花，利用业余时间画素描，学习美术知识。在贾鸿勋的帮助下，学习光线的表现、透视规律和人体解剖。文化宫学习国画。我总结国内外装饰和暗花的表现方法，我国钞票上的民族装饰庄重大方，一面着光或者多面着光，用点线结合表现层次和立体感，使形体结实与正面主景有呼应，暗花装饰小而精细，大而不粗糙，层次多变，根据不同风格不同层次利用国画图案画素描画处理方法，特别是在"深浅交错暗花"制作上独创一格，这种暗花不易仿造，在援外品上使用了大量的暗花装饰，受到国际的好评。1973年后由一专转向多能，雕刻人像、风景。在吴彭越老师的指导下，由浅入深，由简单到复杂，雕刻了《毛泽东》、《董必武》等领袖人像，少数民族头像，先后刻了18块人物头像。风景方面除完成营业品小票外，试刻了三七品的大庆人，炼钢景，北京饭店，画册黄山景等30多块。38年来，自己一直没有离开雕刻专业，所在雕刻技术上掌握了"一专多能"（专装饰，多风景、人像、文字之能），在制版工艺和质量方面，在历次各项生产任务中都能符合上级领导的要求，在培养新生力量上，也掌握了一定的教学方法。

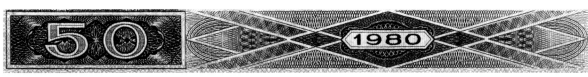

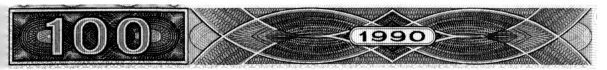

书法神韵的再现

第四套人民币除了在图案和纹饰上做了精心设计外，在文字的采用及规范化、标准化上也做了认真调整。全套票面不仅继续采用蒙、藏、维、壮四种少数民族文字，以方便少数民族地区人民使用，而且又在 1 元以上主币上增印了盲文符号，体现了党和政府对残疾人的关心。

钢版雕刻文字，这对于中国人来说可谓得天独厚。几千年的篆刻历史，给人民币钢版雕刻师留下了宝贵的文化与经验的积淀。

第四套人民币还吸收了国家对汉字整理和简化的成果，在票面上全部采用了规范化汉字，但字体仍沿用马文蔚的"张黑女"碑体，并将其改为简体字。汉字的起、收、转折，精妙的笔势和蕴含在笔势中的神韵，均被完美复刻到钞版之上。

一是改繁体字为简体字。例如"中国人民银行"行名中的"國"和"銀"两个字，六种主币面值的"圓"字，都分别改了"国"、"银"、"圆"。

二是改异体字为正体字。原来流通的人民币2元券、2角券、2分券的"贰"字中间的两横在上，即"貳"，现改成规范的正体字"贰"。

三是改旧字形为新字形。原来流通的人民币辅币1角、2角、5角券的"角"字写成"角"，中间的一竖不出头，现使用了新字形"角"，中间一竖出头。

吉祥如意的民族纹样

第四套人民币 1 元券、2 元券、5 元券、10 元券正面衬托富有民族特色的纹饰，凤凰牡丹、仙鹤劲松、绶带鸟翠竹、燕子桃花，都是我国人民喜闻乐见的、象征吉祥喜庆的民间艺术图案，在造型上又采用了装饰性的表现手法，鲜明、活泼。其他纹饰也取材于各民族的生活图案，生活气息浓厚。所有这些纹饰，与正背面主景表现的主题融为一体，体现了鲜明而独特的民族风格。

红花还要绿叶衬。谈到人民币上的装饰图案设计，周令钊用了一个非常形象的比喻：钞票设计也是一台戏，各负各的责，背景的设计大有文章，但是好背景的设计是衬托演出和剧情的，不能张牙舞爪，不能突出自己而要剧情。一般的群众看钞票就认头像，10元券的是什么图，5 元券的什么图，背景很少被注意到，但是背景一样需要下功夫；钞票的总体设计就好像音乐中写词、作曲的人，人家对唱歌的歌星很注意，词曲作者很少有人知道。但是在三十几年中都是"写词、作曲"的周令钊和陈若菊夫妇没有丝毫失落，因为他们这个团队很成功。

燕子自古以来都被誉为是勤奋的报春鸟。桃花开放于春暖花开、春光明媚之时，唐朝崔护有一首千古名句："人面不知何处去，桃花依旧笑春风"。"燕子桃花"占尽春光，将江山装扮得分外妖娆，寓意美满幸福和青春常在。

1 元券装饰"燕子桃花"图　设计：周令钊、陈若菊

绶带鸟又称叹绶鸟。"绶"谐音"寿"，含长寿之意。唐朝李远有诗云："双双衔绶鸟，两两度桥人。愿君千万岁，无岁不逢春。"翠竹是君子的象征，刚直正派，虚心劲节，素为文人雅士称道，苏轼更有"宁可食无肉，不可居无竹"之名句。

2 元券装饰"绶带鸟翠竹"图　设计：周令钊、陈若菊

5 元券装饰"仙鹤劲松"图　设计：周令钊、陈若菊

仙鹤又称丹顶鹤，在古代是"一鸟之下，万鸟之上"，是仅次于凤凰的"一品鸟"，明清一品官吏的官服编织的图案就是"仙鹤"。劲松挺拔，不畏严寒，是坚贞不屈的象征。自古以来，人们把仙鹤与劲松绘在一起，名《松鹤图》，作为健康长寿的象征。

凤凰是我国传说中的神鸟，有"百鸟之王"的美称，唐朝的李白有"凤凰台上凤凰游"的千古佳句。牡丹是我国的名花，唐代诗人李正封有"国色朝酣酒，天香夜染衣"之句，将牡丹誉为"国色天香"花中之魁。鸟中之首，花中之魁，让这张人民币具有了不平凡的意义。

10 元券装饰"凤凰牡丹"图　设计：周令钊、陈若菊

参与第二套至第四套人民币设计的美术专家：罗工柳（左三）、周令钊（左二）、侯一民（左四）、陈若菊（左一）、邓澍（左五）

罗工柳 (1916-2004)，广东开平人，中央美术学院教授，著名油画家、版画家、美术教育家。1938 年到延安参加革命，从事版画创作。1949 年参与创建中央美术学院，历任绘画系主任、副院长、中国美协书记处书记、全国文联委员等职。2003 年被文化部授予造型艺术成就奖。从 1950 年起，主持第二套至第四套人民币设计工作。

周令钊，1919 年出生，湖南平江人，中央美术学院教授。曾担任中央美术学院壁画系民族画室主任、中国美术家协会理事、水粉协会会长。1948 年应徐悲鸿先生聘请任教北平国立艺专。曾为开国大典画天安门毛主席像、五一游行队伍美术设计；为国徽、团旗、队旗设计；为人民大会堂湖南厅设计《韶山》湘绣画屏，设计《沅江》、《澧水》石雕壁画。曾获设计国庆 10 周年纪念邮票最佳邮票设计奖；全运会团体操背景画设计获金质奖章等。从 1950 年起，参加第二套至第四套人民币设计。

侯一民，1930 年出生，河北高阳人。著名油画家、美术家、美术教育家，国家级有突出贡献专家。1946 年入国立北平艺专学习，不久就秘密加入中国共产党，并担任地下党北平艺专支部书记。1950 年起在中央美术学院任教，曾任油画系副主任、壁画系主任、第一副院长，中国壁画学会会长，中国美术家协会常务理事，全国壁画艺术委员会主任，2013 年 1 月获第二届"中国美术奖终身成就奖"。从 1958 年起，参加第三套、第四套人民币设计。

1999 年 4 月 15 日，中国人民银行在钓鱼台国宾馆召开"人民币设计专家组座谈会"，史纪良副行长代表中国人民银行向人民币设计专家**罗工柳、周令钊、侯一民、陈若菊、邓澍**颁发了荣誉证书，发表了热情洋溢的讲话，高度评价了人民币设计专家所作出的突出贡献。总行货币金银局局长唐双宁、副局长喻玉娟、办公厅副主任易都佑、许罗德、中国印钞造币总公司党委书记刘世安等领导出席座谈会。一排左起：邓澍、陈若菊、侯一民、周令钊、罗工柳、史纪良、贺晓初、杨秉超、殷毅、赵敬盈、刘延年。

在第二套至第四套人民币的设计过程中，罗工柳领衔的美术专家组发挥了重要作用。罗工柳出谋划策，擅长风景和人物绘画的侯一民与邓澍夫妇、擅长装饰艺术的周令钊与陈若菊夫妇各显其能，珠联璧合，创作了众多代表国家形象的经典艺术作品，成为新中国美术史上的一段佳话。

美术专家们集思广益，与张作栋、吴彭越、刘延年等 60 多名钞票设计雕刻技术人员一起通力合作，群策群力，博采众长，为不断提高人民币的设计艺术水平作出了不可磨灭的贡献。

陈若菊 (1928—2013)，河北安新人，工艺美术家。1946 年入国立北平艺专学习。1950 年毕业于中央美术学院实用美术系。历任中国青年出版社美术设计，中央美术学院实用美术系教员，中央工艺美术学院陶瓷美术系主任、教授。长期从事陶瓷美术的教学和研究工作。从 1959 年起，参加第三套、第四套人民币设计。

邓澍，1929 年出生，河北高阳人，中央美术学院教授。1946 年加入中国共产党。从 1949 年开始在中央美术学院工作。1955 年去苏联列宾美术学院油画系学习，1961 年毕业后回国，继续在中央美术学院担任油画、壁画、陶瓷课程的教学。1951 年获全国年画展一等奖；出版有《侯一民、邓澍美术作品选》、《侯一民、邓澍作品选》等。从 1961 年起，参与第三套、第四套人民币设计。

　　1980 年 5 月，中国人民银行印制管理局（中国印钞造币总公司前身）在北京召开设计雕刻研讨会，张作栋、吴彭越、宋凡、高振宇、赵亚芸、刘延年、石大振、苏席华、徐永才、薛书桐、冯振琴、高增基、高厚荃、邵国伟、张凤山等行业 30 多名设计雕刻精英人才群英荟萃，为提升第四套人民币的雕刻制版水平献计献策。图为部分参会人员在北京潭柘寺合影。

　　从这张照片可以看到人民币设计雕刻人才辈出、薪火相传的发展轨迹。照片上，时年 58 岁的雕刻大师吴彭越、48 岁的设计师刘延年、47 岁的雕刻师苏席华、36 岁的雕刻师徐永才、23 岁的设计师邵国伟一起研讨第四套人民币雕刻制版工艺技术。19 年后，1999 年 12 月，吴彭越、刘延年、苏席华荣登"为印制行业作出重大贡献被授以印钞造币勋章的老专家荣誉榜"，徐永才、邵国伟被评为"第五套人民币设计研制突出贡献奖一等奖"，完美展现了人民币设计雕刻继往开来、匠心传承、长江后浪推前浪的可喜场面。

　　前排：耿生发（左一）高增基（左四）、高厚荃（左五）。中排：石大振（左一）、吴彭越（左三）、赵亚芸（左四）、徐永才（左五）、高振宇（左七）、薛书桐（左八）、冯振琴（左九）。后排：苏席华（右三）、邵国伟（右四）、张作栋（右六）。

1999 年 12 月 29 日召开第五套人民币设计研制庆功大会

　　1999 年 12 月 28-29 日，中国印钞造币总公司在北京隆重召开迎接新世纪表彰暨第五套人民币设计研制庆功大会。中国人民银行行长、党委书记戴相龙，副行长史纪良，总公司和有关司局领导出席表彰会，并为对印钞造币行业作出突出贡献的老领导、老专家、劳动模范、离退休先进集体和个人、科技管理先进集体和个人等颁发奖章和奖牌。会议期间，戴行长专门与为行业作出突出贡献的老领导杨秉超、贺晓初、殷毅，老专家李根绪、牟中和、刘延年、陈国良、苏席华、吴彭越等座谈并合影留念。

　　右起：吴彭越（右一，北京印钞有限公司高级工艺美术师，人民币原版雕刻大师）、苏席华（右二，北京印钞有限公司高级工艺美术师，人民币原版雕刻大师）、牟中和（右三，保定钞票纸业有限公司高级工程师，造纸研究专家）、史纪良（右四，中国人民银行党委委员、副行长）、李根绪（右五，离休前为中国印钞造币总公司总工程师，世界著名印钞机械设计专家）、刘延年（右六，北京印钞有限公司高级工艺美术师，人民币设计专家）、陈国良（右七，上海造币有限公司高级工程师，造币机械研制专家）。

精益求精琢神韵

1999 年 10 月 1 日，第五套人民币 100 元券发行。

在第五套人民币的雕刻过程中，两代雕刻师共同完成了一个领袖形象，一群雕刻师尽揽我国的名山大川，他们支撑起中国凹版雕刻一片新的天空。

群星璀璨照华章，第五套人民币是手工凹版雕刻与数字雕刻技艺的精彩合唱。

中国人民银行 1999 年发行庆祝中华人民共和国成立 50 周年纪念钞以来，人民币系列多了一个独特的分支。每一张纪念钞的出现，都给社会带来积极的影响。

纪念钞是中国人民银行为纪念某些重要节日或重大事件而发行的一种特殊流通币，具有纪念与收藏的双重意义，因此受到社会的广泛关注，成为钞券家族的精品。

第五套人民币

手工雕刻与数字化雕刻相得益彰

——第五套人民币雕刻概述

在中华人民共和国成立五十周年之际，1999 年 10 月 1 日，中国人民银行发行了第五套人民币 1999 年版 100 元券。

第五套人民币是按照国际现代货币理念标准研制设计生产的，在研发之初就强调政治性、艺术性和防伪性的协调统一，不仅保持了中国传统钞票的设计特点，又突出了防伪技术的应用，成功地达到了"高防伪、能机读、方便流通、有利于反假"的目标，突出了"大水印、大人像、大面额数字"的"三大"设计理念，方便群众识别。

第五套人民币各面额正面均采用毛泽东同志新中国成立初期的头像，正面面额文字的底衬采用了中国著名花卉图案，背面主景图案分别选用了人民大会堂、布达拉宫、桂林山水、长江三峡、泰山、西湖，充分表现了祖国悠久的历史和壮丽的山河，弘扬了中华民族博大精深的传统文化。

2001 年以后，手工凹版雕刻逐步被计算机数字化雕刻技术取代。2005 年 8 月，中国人民银行先后发行了 2005 年版第五套人民币 5 元、10 元、20 元、50 元、100 元五种面额人民币，都是采用数字化雕刻。

2015 年 11 月，2015 年版 100 元纸币调整了票面图案、防伪特征及布局，采用了更加先进的公众防伪技术，机读性能进一步提高。

第五套人民币票面采用"大头像、大水印、大面额数字"设计理念、开放式的票面结构，并运用了计算机辅助设计，中国钞票与世界钞票设计的潮流趋近。25 项防伪新技术的运用，使得第五套人民币跻身于国际先进钞票行列，其设计理念和印刷技术均已达到国际先进水平。

朱镕基视察北京印钞厂

1993 年 7 月 27 日，时任中共中央政治局常委、国务院副总理兼中国人民银行行长朱镕基（右二）在副行长周正庆（右一）的陪同下，到北京印钞厂视察工作。图为中国印钞造币总公司总经理赵鹏华（右四）、北京印钞厂高级工艺美术师陈明光向朱镕基副总理介绍人民币印刷工艺技术。

1995 年 9 月，中国人民银行向国务院上报了《关于研制第五套人民币的请示》，时任国务院副总理兼中国人民银行行长朱镕基正式批复同意研制第五套人民币。

形神兼备的伟大领袖
——徐永才谈人像凹版雕刻

1999 年版第五套人民币 100 元券的毛泽东像，是雕刻师徐永才的作品。徐永才以"形准"为基础，以"神似"为主旨，精心设计点线的排列组合，力求突出领袖高屋建瓴的气势，展示毛泽东雄才大略的气质。在徐永才的作品中，毛泽东的目光炯炯有神，肌肉饱满而具有质感，头发层次分明富有弹性，服装线条有序规整，是人民币肖像雕刻中的经典之作。

准确刻画是凹版雕刻的基础

准确刻画每一个形象的基本特征，用雕刻的专业语言来说，就是"形准"。

所谓世上没有两片相同的叶子，人的形象各有特点，景物也是千姿百态，要准确抓住每一个形象的基本特征，形态要准要像，这是雕刻的基础。

要做到"形准"。首先，必须提高观察能力、描摹能力以及抓特征的能力。其次，必须具备较好的绘画基础。凹版雕刻，就是将设计图稿，以点、线的方式进行再创作，这需要雕刻师拥有扎实的基本功。一个好的雕刻师，必须能够画好素描，能够深入理解素描的各种关系。

人物神态是凹版雕刻的核心

如果说"形准"是一幅作品的基础，那么抓住人物的神态，则是一幅优秀作品的核心所在。所谓栩栩如生，就是把握人物最精彩的那个瞬间。这需要有敏锐的观察力，要有把握人物最出彩特征的能力。神态的塑造，无论是人物还是景物，必须抓住基本特征。

雕刻语言要丰富且有趣味

凹版雕刻主要是运用刻刀在钢版上精雕细琢。因此，图案的线条排列、雕刻刀法的运用，将决定着作品的艺术效果。人物的雕刻，重在抓住人物最鲜明的特征，风景雕刻更多地讲究雕刻语言的趣味。

无论是排线布局还是刀法的运用，最初阶段要有整体掌控，中间部分要追求细节的完美，最后要进行统一的调整。要通过高度的概括，将雕刻对象核心特征加以体现，这就是所谓的"画龙点睛"。

第五套人民币 100 元券（1999 年版）正面主景《毛泽东像》　　素描：刘文西　　手工雕刻：徐永才

随心所欲不逾矩

——马荣谈人像雕刻创作

从事钞票上的人像雕刻创作，人物形象的准确、人物神态的塑造、艺术美感的共鸣，要靠雕刻师高水平的创作才能实现。

我在第五套人民币人像雕刻中，把雕刻重点放在人物的精神面貌和眼神的刻画上，力求使人通过毛主席那充满智慧的眼神，感受到伟人的风采。人物的神态，与思想、情绪、气质和涵养密切相关，我特别注意了毛主席眼睛和嘴角的微妙变化，运用点线的转折使人物形象显得更加慈祥，运用较为灵活的点线并结合明暗关系使毛主席的形象更加生动可亲。

凹版雕刻既讲究精细，也讲究层次丰富，雕刻师使用疏密有致的点线和巧妙合理的点线布局，塑造出传神的艺术形象，也使线条具有雕刻美感，这一点往往被别人所忽视。雕刻者的实践经验和艺术追求使凹版雕刻的点线具有了生命的活力。

在钞票的雕刻创作中，形象塑造、雕刻的精细程度、雕刻的准确程度、雕刻的韵味和美感，是衡量现代雕刻师水平的指标。由于钞票不同于其他艺术门类可以自由发挥，它特别要

强调雕刻师在复杂工艺约束下进行的个性化创作。"随心所欲不逾矩"，是钞券雕刻师个性化艺术追求的写照。

凹版雕刻人像是钞票防伪与识别真假方面的主要方式。雕刻者在艺术、技术、工艺、防伪等众多因素约束下完成创作。凹版雕刻作品的质量依赖于凹版印刷技术的质量，因此，优秀的凹版雕刻作品还必须符合当前的印刷条件，它要求雕刻者在深入刻画人物形象的同时，必须考虑印刷适应性。

我在1999年版毛主席像雕刻过程中，深入了解了高速印刷工艺、油墨原理、钞纸性能等工艺要求，经过反复修改和调整，我雕刻的毛主席像终于在第五套人民币上得到应用。

第五套人民币 50 元券（1999 年版）正面主景《毛泽东像》　　素描：刘文西　　手工雕刻：马荣

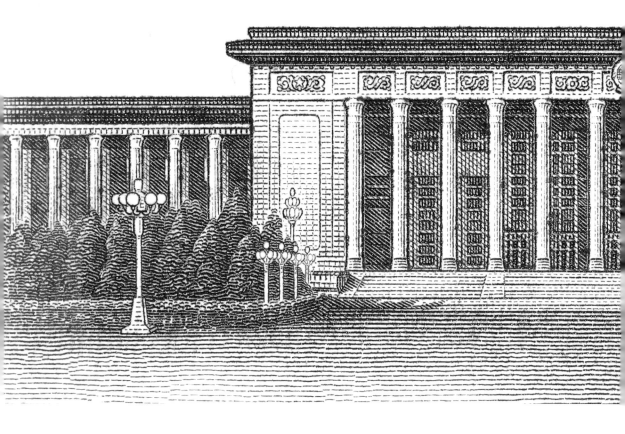

庄严雄壮的艺术表达

第五套人民币 100 元券的背面主景图案是人民大会堂。庄严雄伟、壮丽典雅、中西合璧的首都十大建筑之一，是全国人民参政议政的地方。票面中，它以高悬中央的国徽为中心，两边绝对对称，仅以前景路灯稍作变化。

雕刻师花瑞松刻画看似一样的廊柱，其实每一根都有不同的变化，这使得建筑庄重而不失灵动。他以极细腻的刀法，对于大会堂门格装饰、上方的浮雕图进行清晰表现，使得这幅作品端庄大气，充满了艺术性。

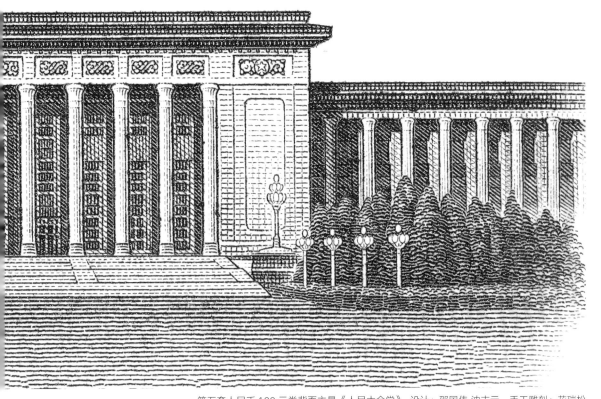

第五套人民币 100 元券背面主景《人民大会堂》 设计：邵国伟 沈志云　手工雕刻：花瑞松

第五套人民币 100 元券背面　发行时间：2005 年 8 月 31 日

第五套人民币 50 元券背面主景《布达拉宫》　　素描：曲振荣　　雕刻：徐永才

第五套人民币 50 元券背面　发行时间：2001 年 9 月 1 日

雕刻语言的趣味

雕刻有语言吗?

第五套人民币 50 元券背面主景图案布达拉宫,将红宫、白宫、山崖、石壁、绿树、蓝天、白云等如此繁多的设计元素组合在一起,完美地诠释了雕刻师徐永才津津乐道的"风景作品中雕刻语言的趣味"。

凹版雕刻,一块版、一根针、一把刀。当一个个点、一条条线组合成千姿百态的图案,让人看到了一种特殊的雕刻语言:

我们感受到布达拉宫博大雄壮,顶部金碧辉煌深处的上半截在白云映衬下显得神圣而又莫测。层层阶梯沿山而上,根根线条挺拔严谨,使这组建筑巍峨耸峙、气势宏大。近处的山石质感厚实,植物花团锦簇,使得整个主景虚实相间、层次分明。蓝天白云,点线设计,或长或短,当浅则浅,当重则重,让我们感到云彩的轻浮柔和、飘忽变幻。

不同的排线、不同的刀法,产生了别样的意趣。

第五套人民币 50 元券正面局部

奇峰倒影醉漓江

　　桂林山水甲天下，奇峰倒影醉漓江。广西桂林境内的山水风光脍炙人口。这幅《桂林山水》的画面上，江面水平如镜，波光粼粼，一只小船泛舟江中，两岸奇峰拔地而起，鬼斧神工，千姿百态，与群山倒影交相辉映，淋漓尽致地展现了"舟行碧波上，人在画中游"的诗情画意。

　　雕刻师吴依正以精湛的技艺，呕心沥血雕琢《桂林山水》，留下了一段感人肺腑的故事。

　　1999 年至 2000 年，吴依正在雕刻这幅作品时身患疾病，由于腿部肌肉萎缩，造成行动不便，他每日骑代步车到雕刻桌旁，以顽强的毅力，坚持创作，终于圆满完成了这幅精美的雕刻作品。

　　2000 年 10 月 16 日，倾注吴依正心血的 20 元券公开发行。2001 年，吴依正因病不幸去世，年仅 56 岁。业内人士对他的英年早逝扼腕痛惜，纷纷向这位杰出的雕刻大师致以深深的敬意。

第五套人民币 20 元券背面主景《桂林山水》　素描：李燕春　手工雕刻：吴依正

第五套人民币 20 元券背面　发行时间：2000 年 10 月 16 日

描摹三峡的旋律美

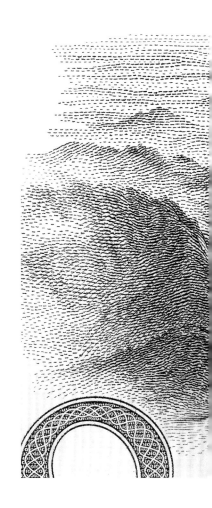

　　第五套人民币 10 元券背面主景图案是长江三峡。长江三峡水阔天长，两岸重嶂叠影，不仅是古今文人墨客咏叹的对象，也是钞票设计的绝佳题材。内涵如此丰富的素材给每一位艺术家提供了极大的创作自由，而雕刻师赵启明在此中给出的答案是"节奏"！

　　所谓"节奏"，就是借鉴音乐创作的理念，从主线与辅线的交织中找优美感，使点、线的布局充满节奏感，将视觉的感性、工艺的理性与雕刻的趣味融合为一个整体。

　　在这幅作品中，赵启明通过行云流水般的点、线交织穿叉，忽而如"大江东去"、忽而如"晓风残月"，将三峡的群山峻岭表现得跌宕起伏。山峦"远近高低各不同"，江水"千丈水映百折回"，赵启明的这幅主景图中，有的地方大刀阔斧寥寥数刀，有的地方一毫米宽度要雕刻 8 根线条。每一个点、每一根线、每一个面，既力求准确又讲究趣味，浓缩的长江完美地呈现在我们面前。

第五套人民币 10 元券背面主景《长江三峡》 素描：刘金新　手工雕刻：赵启明

第五套人民币 10 元券背面　发行时间：2001 年 9 月 1 日

会当凌绝顶　一览众山小

　　泰山，气势雄伟磅礴，有"五岳之首""五岳之尊"之称，是世界自然与文化遗产，是"天人合一"思想的寄托之地，是中华民族的精神家园。

　　泰山被古人视为"直通帝座"的天堂，有"泰山安，四海皆安"的说法。自秦始皇开始，先后有13代帝王亲登泰山封禅或祭祀。孔子赞叹"登泰山而小天下"，杜甫则吟出"会当凌绝顶，一览众山小"的千古绝唱。

　　设计师精心设计，将万道霞光与券面图案纹样以及印刷工艺有机地结合在一起，橙黄蓝紫的杂色接纹交融，产生雅而不艳日晕般奇幻的效果。

　　雕刻师姚有均、韩纪宗分工合作，将日出东海、泰山石刻、坐看云起松风、南天门石阶和玉皇山顶等标志性的景观融于一体，其图案的色泽变化丰富多彩；刀法赋予笔墨，既有浓笔重彩，又有轻描淡写，将奇石、异松、飞瀑、石阶和古建筑描摹得错落有致，前后分明，用中国画传统的散点透视方法，将版画语言表达得淋漓尽致。可谓：刀刀见笔墨，处处有精神。

第五套人民币 5 元券背面　发行时间：2002 年 11 月 18 日

第五套人民币 5 元券背面主景《泰山》 设计：李祥元 雕刻：姚有均 韩纪宗

淡妆浓抹总相宜

"水光潋滟晴方好，山色空蒙雨亦奇。欲把西湖比西子，淡妆浓抹总相宜。"

北宋大文豪苏东坡这首描写杭州西湖优美风光的诗歌，流传千古，让西湖的美誉名扬天下。

雕刻师孔维云匠心独运，以严谨的雕刻技法，将西湖第一胜景"三潭印月"的3个像宝葫芦一样的石塔，刻画得精致圆润；以变幻莫测的针刻腐蚀技巧，表现湖水微波荡漾和朦胧山色，生动传神地刻画出西湖的美丽景色。

孔维云用奇妙的点线语言、精深的雕刻技艺，通过点线面的完美布局处理，将湖面水纹、微波、近景、远物的虚实变化处理得层次分明；将三潭印月、保俶塔、断桥等景点刻画得细致入微；将西湖的诗情画意，完美展现在咫尺方寸之间。

第五套人民币1元券背面 发行时间：2004年7月30日

第五套人民币 1 元券背面主景《西湖风光》　设计：朱文发　手工雕刻：孔维云

兰花

水仙

月季

荷花

菊花

第五套人民币部分花卉装饰雕刻

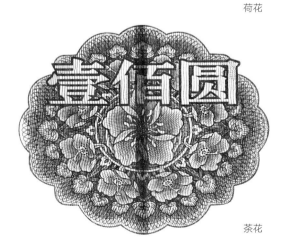

茶花

"庆祝中华人民共和国成立 50 周年"纪念钞

"庆祝中华人民共和国成立 50 周年"纪念钞正面　发行时间：1999 年 9 月 20 日

1999 年 9 月 20 日，中国人民银行发行了第一张纪念钞——庆祝中华人民共和国成立 50 周年纪念钞。它一经亮相便迎来一片惊鸿。

为什么社会对此有着如此浓厚的兴趣？首先，这张纪念钞的技术含量具有超前性，在工艺技术的设计上，采用了当时许多印钞技术的最新成果，代表了我国印钞技术的最高水准。而它的艺术表现力，则成为人民币印制中的一个经典。

这张纪念钞以第五套人民币 100 元券雕刻团队为班底，主景图案全部为手工雕刻。凹版雕刻特殊的艺术表现力，使得主景图案线条饱满、形象传神、手感清晰。

纪念钞正面主景图案是开国大典，定格了毛泽东宣告中华人民共和国成立的历史瞬间，展现的是亿万人民欢庆新中国成立的热烈场景。

主景毛泽东人像的雕刻师花瑞松以强调人物的动态、质感与神情为核心，通过交织的点线布局，清晰的明暗层次关系，成为一幅不可多得的人像雕刻佳作。

"庆祝中华人民共和国成立 50 周年"纪念钞正面主景《开国大典》 雕刻：花瑞松、徐永才

开国大典宏大的场面，宽阔的广场，无数面旗帜，层层叠叠的人群，对雕刻师绝对是挑战！对此，花瑞松通过疏与密、紧与松的线条排列，近、中、远的层次分布，画面安排开密有序、繁简得当。一个恢宏的历史时刻跃然在人民币上。

"庆祝中华人民共和国成立50周年"纪念钞背面
雕刻：徐永才、鲁琴珍、葛国龙等

庆祝中华人民共和国成立50周年纪念钞背面主景图案由华表、雄狮、和平鸽、地球等多个元素组合而成。

一批具有一流水准的雕刻师合作完成背面雕刻工作。尽管这是以团队的形式进行艺术创作，但每一个成员都完美扮演着自己的角色。

于是，人们可以看到徐永才雕刻的鸽子，飘逸多姿、轻盈洒脱；品味到鲁琴珍雕刻的华表，坚毅挺拔、绚丽多彩；领略到葛国龙刀下神态威严的狮子、端庄秀美的地球。

一个出色的雕刻团队，显示出整体实力为人民币大家族奉献出一张雕刻艺术的精品！

"迎接新世纪"纪念钞

2000年11月28日，中国人民银行发行了"迎接新世纪"纪念钞。这是我国钱币发行史上第一张塑料纪念钞，因此备受世人关注。

这枚纪念钞的正面主景，采用中华民族的象征——龙的形象。它取材于北京北海公园西岸九龙壁上的升龙，意喻中华民族蓄势腾飞、奋发向上的民族精神。雕刻师刘益民与韩纪宗共同雕刻创作了具有浮雕效果的龙与龙珠。雕刻师沿着龙的体态雕刻出精细的线条，使静止的、浮雕效果的龙，产生了腾空攀升的动感；而对龙头、龙须、龙爪的雕刻，通过轮廓线条从粗逐渐向细产生的丰富变化，使龙的整体形象充满了激情与力量；以水平线塑造龙珠所焕发出来的光焰，与龙形成了呼应关系，画面生动鲜活。

"迎接新世纪"纪念钞　发行时间：2000年11月28日

"迎接新世纪"纪念钞正面主景《升龙》　　雕刻：刘益民、韩纪宗

纪念钞的正面主景——龙，取材于北京北海公园九龙壁左数第三条"升龙"，它展示了中华民族奋发向上的精神。

为了更好地塑造龙的形态，雕刻师刘益民翻阅了大量有关龙的图纹及文字资料，并构想如何去表现这个在中国民间传说几千年的特有艺术产物，使龙的精、气、神能通过这些主体反映出来。

龙的身体作为一个承上启下的环节进行过渡，运用较为流畅的线路，通过身体的自然弯曲、光线明暗及投影变化反映出其优美的姿态；到龙的尾部时则采取轻巧、舒缓放松的毛触，看上去充满灵气。一张一弛的布局，产生了一种节奏感和韵律感。

雕刻师在刻画时，重点放在头及四只有力的爪上，用丰富多变的点线精心组织编排，描述其神态，采用蚀刻加刀刻的不同表现方法去体现龙的精神面貌，从细节实处入手，把握整体的虚实关系，画龙点睛，通过对五官、眼部的刻画使其神态既显威猛又显智慧，龙身上的鳞片细小的明暗转折也加强了龙的整体形象，使龙的表现力更趋完美，显现出龙的雍容华贵、神韵生动。

中华世纪坛

"迎接新世纪"纪念钞背面主景《中华世纪坛》　雕刻：孔维云

纪念钞的背面将北京中华世纪坛作为主景内容。中华世纪坛是为迎接新世纪而建造的主题建筑，其独特造型和它所代表的现代思想，规定了对于它的艺术表现形式必须是具有现代感和超前意识。

雕刻师孔维云采用了传统手工雕刻与现代雕刻技巧相结合的方法，使凹印与胶印的色彩更加鲜明。雕刻师用一根根手工雕刻的短线，错落有致地排列出世纪坛的主体，逼真地表现了世纪坛的宏伟壮丽；又以流畅的线条逐渐汇聚为一点的乾坤针，直指苍穹，让人感受到中华世纪坛旋转乾坤的宏伟气魄，令人心潮澎湃。

塑料钞的印刷面临许多技术难题。因为塑料钞不同于纸钞，其制版、印刷、油墨性能都存在不同于纸张的技术要求，需要通过反复试验，摸索经验。技术人员经过 20 多次调整，终于达到了印样的标准。

塑料钞使用了异型号码和隔色印刷工艺，增加了防伪功能，印刷效果达到字体清晰、定位准确、质量稳定，增加了世纪钞的科技含量。

"迎接新世纪"纪念钞背面

从"飞龙"到"升龙"

在中国钞券制作史上，有两张钞券甚为著名，这就是大清银行兑换券（飞龙版）与中国人民银行发行的"迎接新世纪"纪念钞。

这两张钞券还有一个共同的特征，就是钞券正面主景图案均有一条腾飞的龙。

在中国，龙的传说可以追溯到远古时代。由于龙具有呼风唤雨、无所不能的魔力，于是成为古代民众崇拜的图腾。在漫长的历史发展中，龙的内涵及外延不断变化，逐渐成为中华民族共同的文化符号。于是，中华民族有龙的传人之说。

大清银行兑换券上的飞龙，兴云吐雾，雷霆万钧，象征着皇权至高无上的威严。

飞龙的雕刻者海趣，是一名100年前的美国雕刻师，他对中国文化有着极其深刻的理解。在他的雕刻刀下，龙的形象有了一个绚丽的升华。从雕刻的角度看，飞龙雕刻点线布局细密，充满了雄浑与张力。龙体与云纹交织相融，形成腾云驾雾的动感，是我国凹版雕刻历史上不可多得的精品。

"迎接新世纪"纪念钞上的龙，选取于北京北海公园九龙壁左起第三条"升龙"。这条"升龙"龙爪遒劲、体态矫健，刚猛而充满力量。寓意在新的世纪，我国将迎来蒸蒸日上的盛世景象。在雕刻语言上，刀法细腻、层次丰富，质感丰满，完美地表现了"迎接新世纪"的主题。这幅作品主要由我国雕刻师刘益民雕刻制作。

"大清银行兑换券"与"迎接新世纪"纪念钞，两条龙见证了中国钞券生产一个世纪的跨越。犹如东方巨龙再次腾飞，象征着中华民族自强不息的生命力与创造力。

"第 29 届奥林匹克运动会"纪念钞

2003 年 10 月 28 日，中国人民银行为"第 29 届奥林匹克运动会"发行纪念钞，首次向全球公开征集设计方案，吸引海内外各界人士踊跃投稿。四年后，经过专家和奥组委评审，奥运纪念钞设计方案最终批复。

纪念钞正面主景图案为北京 2008 年奥林匹克运动会主会场——国家体育场鸟巢、背面主景图案为古代希腊雕塑"掷铁饼者"和现代体育代表项目。

鸟巢的雕刻者是刘益民。他运用凹版雕刻的点线表现了建筑富于变化的钢架结构。凹版雕刻点线在表现一个物体的体面关系时，必须要有足够的力度控制，线条的表现力才能凸显出来。这些线条的粗细、位置既要反映亮部的结构轮廓，又要确保暗部体面关系。雕刻师运用点线粗细和深浅的变化，对鸟巢纵横交错钢架结构进行了再创作，突出了鸟巢的整体结构特点，利用点线的节奏感和韵律产生的美感塑造了以线结构为主体的建筑艺术形象。

背面主景掷铁饼者雕像的雕刻者是马荣。她在创作这一作品时，运用雕刻的点线走势表现了雕像从静止状态转换到运动状态的瞬间，使人在视觉心理上获得运动感的效果。马荣追求雕像所蕴含的连贯性动作和节奏感，把人体的和谐、健美和青春的力量用富有韵律变化的线条表达出来，塑造出了具有力量感和阳刚之美的艺术形象。她巧妙地运用线条的变化，表现了铁饼将被抛出的那种引而不发的强烈引力，达到了"空间中凝固的永恒"效果。

"第 29 届奥林匹克运动会"纪念钞正面　发行时间：2008 年 7 月 8 日

"第 29 届奥林匹克运动会"纪念钞背面

乒乓球、跑步、足球、跳高和体操五个有代表性的体育项目的雕刻创作，分别由孔维云、马荣、刘益民、赵川四人完成。在进行素描和原版雕刻创作时，创作者考虑采用不同国度和人种的形象代表，以满足奥运会的国际化宗旨。创作者为防止巧合或产生误会，去掉了运动员身上的编号，保留运动项目的特征而淡化人物形象的描写。

2008 年 1 月，雕刻师与各方面研制人员完成了奥运纪念钞原版创作。2008 年 7 月 8 日，中国人民银行宣布"第29 届奥林匹克运动会"纪念钞正式发行，社会各方反响强烈，钞票爱好者对其高超的创作水平给予了充分的肯定和高度评价，奥运纪念钞成为社会各界争相收藏的艺术佳品。

航天纪念钞

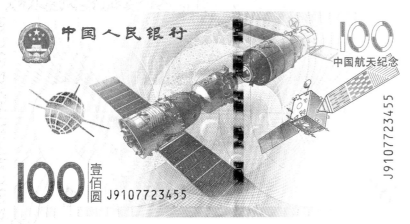

航天纪念钞正面主景《嫦娥卫星》　雕刻：马荣 赵川 白金　发行时间：2015 年 11 月 26 日

在中国传统文化的历史长河中，嫦娥奔月的传说，表达了古人对当空皓月和满天繁星的无限神往。2015 年 11 月 26 日，中国人民银行以航天为主题的纪念钞应运而生。

票面上以东方红一号卫星、嫦娥一号卫星、神舟九号飞船与天宫一号交会对接为主景，表现了中国航天事业中的三大里程碑事件。仅在正背两面的方寸之间，凝结了多位原版雕刻钞票创作者的智慧与艰辛。

正面凹印主景飞船的雕刻创作，是雕刻师马荣、赵川和白金等人组合完成。雕刻艺术创作讲究在统一中有变化，为此，马荣首先做出统一的雕刻布线方案，两人再分别进行雕刻创作。在这一作品上，雕刻线条的细腻流畅、层次结构的清晰分明、点线布局的合理考究，表现了神舟九号飞船与天宫一号目标飞行器的整体质感和细节的真实。

正面凹印衬景表现的是嫦娥一号卫星，采用凹印对印工艺雕刻创作。正背面卫星图案看似相同，细节表现却不相同，透光观看时，正背面图案形成准确的重叠和互补。这是年轻雕刻师白金的精心创作，他反复推敲图案线条在正背面的多种表现方法，实现了这一最佳的艺术效果。

背面图案旨在展现人类探索天空的历程，以及我国取得的代表性航天成就。画面采用海东青、冯如 2 号飞机、MD82 型喷气客机、天宫空间站及最上方的嫦娥一号卫星，根据飞行高度的层级，自下而上排列，并辅以代表海拔高度的树木、山峦、云层、星际 4 个图标，与画面中的4 种飞行器相对应。

凹版图纹雕刻师姚宗勇和胡毓水，在票面一些重要元素的制作中，提取有航天特点的微观元素进行巧妙组合，分别表现文字图案和四种有代表性航天器的造型。在 4 个图标中，也使用了不同形态的精细线条，体现出凹印效果的层次感和防伪特色。

航天纪念钞清新的色彩、醒目的主题、精美的雕刻，令人赏心悦目。雕刻师以点线的组合运用，表现了航天器的光影效果和空间立体感，细小之处更是精雕细琢，结构准确。航天纪念钞正面的庄重感与背面的历史感，让人心生喜爱、过目不忘。

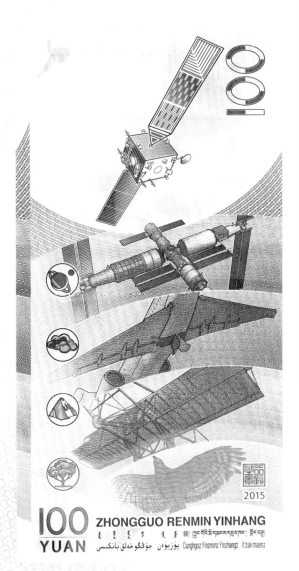

航天纪念钞背面荧光效果

人民币发行 70 周年纪念钞

人民币发行 70 周年纪念钞正面主景 雕刻：赵川 发行时间：2018 年 11 月 23 日

　　中国人民银行于 2018 年 11 月 23 日起发行人民币发行 70 周年纪念钞。纪念钞正面主景图案为树木年轮与第一套至第五套人民币代表性局部图案。左上方为国徽图案、"中国人民银行"行名，其下为"人民币发行七十周年纪念"与"1948-2018"文字。票面左下方为面额数字"50"，右上方为面额数字"50"与汉字"伍拾圆"。纪念钞背面主景图案为中国人民银行大楼，辅以牡丹花、中国人民银行旧址、第一套人民币发行布告及城市建筑剪影图案。票面左上角为面额数字"50"，中国人民银行汉语拼音字母和蒙、藏、维、壮四种民族文字的"中国人民银行"字样与面额。票面下方为行长章与年号文字"2018 年"。票面右下角为面额数字"50"，汉语拼音字母"YUAN"。

人民币发行 70 周年纪念钞背面

中银百年纪念钞

中银百年纪念钞正面

中银百年纪念钞正面采用"华彩金"为主色调，体现盛世华诞、百年庆典的祥和氛围。主景为世界著名建筑设计大师贝聿铭先生设计的中国银行总行大厦，衬景为雄伟的万里长城和1912年《申报》关于中国银行成立报道的组合图案，彰显了历史悠久的中国银行始终秉承追求卓越的精神、稳健经营的理念、客户至上的宗旨、诚信为本的质量。文字为"纪念中国银行成立一百周年"。正面中部极具中国书法韵味的数字"100"既是面额，又与百年纪念主题呼应，其中"00"以"∞"符号表现，寓意中国银行无限广阔的发展前景。背面采用别具一格的竖式构图，以绿色为主色调，为中国水墨莲花图。莲花是澳门特别行政区的区花，她根深而叶茂，是圣洁、祥和、宁静、太平的象征，寓意澳门特别行政区和谐安宁、繁荣昌盛。

中银百年纪念钞背面

第五套人民币 20 元券凹印样张（局部）

凹版雕刻作品欣赏

　　凹版雕刻，不仅在钞券制作上有可以发挥艺术性与防伪性的特殊功能，其本身就是一种艺术门类。

　　作为一种艺术门类，凹版雕刻历史远远早于钞票的制作历史。许多大艺术家都从事过凹版雕刻的创作。

　　我国的钞票凹版雕刻师，大多创作过非钞票凹版雕刻的作品。与钞券雕刻不同的是，由于雕刻作品其尺幅远远大于钞票上的主景图案，因此，这些雕刻作品范围广泛，内容丰富，有着更大的发挥空间，雕刻技艺呈现出多样性。

　　对这些雕刻师而言，艺术创作是他们提高技艺的最有效途径，也推动他们在人民币的雕刻中发挥得更加出色。

　　以下选录的作品，都是在人民币主景雕刻上极有造诣的雕刻师的部分作品。这些承载精湛技艺、散发着强烈艺术气息的作品，使我们可以理解，为什么人民币会有着如此高的艺术价值。

凹版雕刻艺术欣赏的三个境界

《石舫》　手工雕刻：吴锦棠

凹版雕刻作品在多数情况下使用单色印刷。单色，体现单纯简洁，褪去表面浮华的素描之美、雕刻之美。

凹版雕刻作品的诞生，通常要经历从写生、素描，到雕刻、印刷的过程。虽然同源于绘画艺术，但欣赏凹版雕刻与一般绘画作品并不相同。

当一幅凹版雕刻作品呈现在观赏者面前时，第一印象就是雕刻的形象。在 30 厘米以外的距离观看凹版雕刻作品，其画面应该整体突出、形象传神、特点明确，有着强烈的空间感和立体感。

以吴锦棠的作品《石舫》为例，画面上石舫、湖面及其他景物，构成了一个非常完整的统一体。作品的艺术效果通过景物之间空间距离、呼应关系，以及画面的丰富内容来呈现。此时，凹版雕刻的点线特征，必须符合整体形象的塑造。这个层次欣赏的最高境界应可概括为"惊鸿一瞥"，这是凹版雕刻作品欣赏的第一个境界。

当欣赏者凑近画面在30厘米以内时，他就会自然进入第二个欣赏境界。人们可以感受到石舫的坚硬质感，领略到点线布局的艺术性、立体感与空间感的和谐统一，以及点线不同组合所产生远近、明暗、浓淡变化；可以直观地感受到雕刻师用点线塑造形象的特征，作品应该呈现出生动感人、层次丰富的艺术效果。

一幅真正优秀的雕刻作品还有第三个欣赏境界——在10厘米以内借助放大镜观赏。

此时的画面效果，应该表现出奥妙无穷的雕刻艺术魅力。在放大镜下，观赏者不仅可以清晰地看到石舫雕刻的一点一线；而且会发现在其他层次难以察觉的诸多细节，会惊叹于细微之处的神奇魔力。在这个观赏距离内，我们可以获得更加丰富的视觉信息和艺术内涵。这是凹版雕

刻作品制作和欣赏的最高境界，是"流连忘返"，让人爱不释手。

优秀的凹版雕刻作品，通过富有生命力的点线，闪烁着巧思妙想的光芒，如诗如歌，耐人寻味。这就如同我们阅读一部优秀文学作品，你可以了解一个故事，你也可以领会一种含义，你还可以梳理出更多的线索。遗憾的是，能够细细品读并理解这样雕刻作品的人太少了。这也是凹版雕刻作品，至今没有充分发挥其观赏价值的原因之一。

手工雕刻作品的三个欣赏境界，也是雕刻师绕不开的三个创作境界。每一个境界都需要通过雕刻师深厚的艺术修养和精湛的雕刻技艺来实现。唯有如此，才会不断出现优秀的凹版雕刻作品。

《石舫》（局部）

《周恩来》　手工雕刻：鞠文俊

周恩来以儒雅的形象闻名于世。雕刻师鞠文俊在人物形象的把握上，通过点线深浅、疏密的组合，形成光影层次的过渡变化，以凸显周恩来面部形象的庄重与丰满。

在细节的处理上，在人物轮廓线的设计上，以充满力度的刀法，通过整齐、均匀的线条排列，体现周恩来刚毅性格的张力。在面部环节的处理上，则以曲线与柔和的线条，突出周恩来的温厚。

鞠文俊的雕刻技艺细腻丰富。他在周恩来的眼神、嘴角及面部肌肉的处理上，繁复而清晰不乱，简洁而恰到好处，这种既准确又富趣味的刀法，将一个领袖刚柔兼备的气质表现得淋漓尽致，使之成为一幅不可多得的雕刻精品。

《刘少奇》　手工雕刻：苏席华

刘少奇的形象既坚毅果敢又亲切和蔼。雕刻师苏席华通过高光、中间色及明暗的对应关系，不仅表现出人像的层次感且呈现出色彩感。在这样的光影之下，一个高屋建瓴的形象跃然纸上。

苏席华以精湛的技艺，塑造了人物形象的丰富层次，无论是造型、结构，还是色调、情感，点线雕琢极有特点，轮廓线、交界线，刀刀精准清晰，使人物造型充满了庄重感。在面部的表现上，雕刻师根据肌肉的走向，通过点线疏密、深浅的变化，形成黑、白、灰的立体面，使面部的质感厚实饱满。人像的眼神柔和，皱纹线条舒展，表现出和蔼的神情。而嘴唇边沿线简洁、干净，充满力度，体现出领袖丰富的情感和亲和的形象。

《齐白石》　手工雕刻：徐永才　创作时间：2002 年

　　齐白石是享誉世界的文化名人。雕刻师徐永才充分发挥其擅长人物肖像刻画的特点，用点线排列成块面，生动而又优美的犹如油画的笔触，形神兼备地刻画出艺术大师仙风道骨的风范，镜片后深邃的目光和飘逸的须发，具有强烈的艺术感染力，给人以美的享受。

　　齐白石有段画论："作画妙在似与不似之间，太似为媚俗，不似为欺世。"

　　雕刻师徐永才根据画像上的素描结构，运用雕刻版画的特点进行描绘，画面上宽窄、长短、深浅、疏密的线条和形态各异的点，既有规律又有变化，简练而准确地表现出物体造型和明暗层次，富有真实感和立体感，令画者和世人叹为观止。

《契诃夫》　手工雕刻：宋凡

雕刻师宋凡以高超的雕刻技法，沿图样轮廓线直接雕刻，在版材上涂以抗蚀薄膜，用钢尖刻针以手工在膜上划刻点子和线条，浸入腐蚀液片刻后取出，在相应的小点子和细线处涂膜再腐蚀，实现不同要求的虚实粗细深浅变化，刻画出肤色、服饰、玻璃镜片以及须发的不同质感。

雕刻师独具匠心的刻画，高度概括出了 19 世纪末俄罗斯知识分子的普遍形象——穿西装扎领结，清癯瘦削的脸庞。透过夹鼻眼镜的镜片，入木三分地刻画出这位批判现实主义作家忧郁的眼神。

《华山》　手工雕刻：薛书桐

《佛香阁》的气派

佛香阁雄踞万寿山顶，俯瞰昆明湖，处于颐和园的中心，呈现庄重、高贵、华丽，乃至傲视天下的皇家气派。

作品构图饱满，取以仰视的角度，突出阁仗山势，将皇家君临天下的气势，表现得淋漓尽致。

佛香阁重檐飞翘，装饰繁多，雕刻师吴彭越凭借其高超的刀法以繁取胜。他将每一根廊柱、每一面窗格、每一片装饰，均予以完整呈现。

在背景处理上，淡淡轻柔的浮云，衬托出佛香阁的质感，形成强烈的对比，巧妙运用黑白灰三色，令人感到缤纷的色彩。在工艺环节上，吴彭越将点、线的宽密度设计，一个个细微的点、一条条轻柔的线，组合成一幅壮美的画面，尽可能达到印刷的极限，以充分体现阁楼的厚重与扎实。

《佛香阁》　手工雕刻：吴彭越

《天坛》　手工雕刻：鞠文俊

玉峰锦绣

玉女峰呈垂直柱状，一湾清溪环绕，一叶竹筏漂浮。鞠文俊在山势的刻画中，高光部如霞光四射，灰暗处深沉有力，加之刀锋刚健，将岩石的坚、脆、硬的质感表现得极其准确。

石柱山崖底部的蒿草杂树，粗看似乱刀铺就，实以严谨多变的点线交织，承托起山峰的雄健。

近景是武夷山著名的九曲溪，澄澈清莹的水波，轻筏凌波的柔和，与高耸刚直的山峰形成强烈的对比，共同组成一个华美的画面。

鞠文俊无论是用顿挫之线显示力度、交错之线表现繁密，还是以波纹之线体现柔美，三个层次，三种刀法，三种不同的色调和质感，给我们以美的享受。

《玉女峰》　手工雕刻：鞠文俊　创作时间：1958—1965年

《都江堰》　手工雕刻：宋凡　创作时间：1975—1980 年

《北海公园》　手工雕刻：赵亚芸　创作时间：1986 年

多元素中的缤纷色彩

名泉桥是黄山怪石、溪水与奇树多画面组合的风景。

高振宇以线条组成的灰白色，表现溪水奔流而过的动感；以既深又重的交叉线条，刻画两侧奇岩怪石的坚硬；以细密繁杂的不规则点线，渲染茂密的丛林，制造了一个优美的环境。

多而不乱、主次分明，这需要层次感与空间感的相互交叠，这时雕刻技法的运用至关重要。高振宇充分运用点与线条的深浅、疏密与虚实，将此中的内在联系梳理得极其到位。

毫无疑问，这是一幅优秀的作品。如果有谁拿着这幅作品来到名泉桥与之比较，一定能充分感知雕刻艺术的无穷魅力！

《黄山名泉桥》　手工雕刻：高振宇

点线下的迷人景色

象鼻山，水底有明月，水上明月浮，水流
月不去，月去水还流。这样的奇景，艺术家们
自然不会放过。雕刻师吴依正的作品《象鼻山》
生动地描绘了这一奇观。

象鼻山的多娇之处，在于山与水不可分割
的统一关系。吴依正将画面中山临水、水映山
之间相互依存的内在联系，用雕刻艺术手法进
行了充分的展示。他以浓密的树丛，突出山岩
峭石的造型，以疏朗的线条与水月洞的通透形
成对比，波光粼粼的倒影映衬出象鼻山奇异的
景观。

水的雕刻，是这幅作品的迷人之处。近处
微波荡漾、竹筏轻摇。中景水纹迷乱、倒影醉
人。远处平静如镜、意境深远。

《江山如此多娇》之《象鼻山》　手工雕刻：吴依正　创作时间：1979 年

普乐寺的写实与写意

普乐寺是位于承德武烈河畔避暑山庄的外八庙之一。汉藏结合的建筑群，构成了独特的普乐寺胜景。

在画面中，楼台、殿塔进行远近层次的归纳处理，形成多种建筑簇拥圆形主殿的众星拱月之势。雕刻师孔维云以扎实的功力，运用每一根点线的依次变化，一气呵成塑造了旭光阁的重檐圆顶。

凹版雕刻艺术的表现手法，可以将写实进行到底，也可以将写意融合到点线之中。其创作过程不仅是对技法的应用与展示，也是雕刻师对宗教建筑与自然风光和谐相处的解读，流露出雕刻师宁静致远的心态。

《普乐寺》　手工雕刻：孔维云　创作时间：1982 年

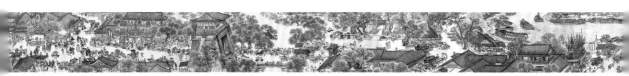

《清明上河图》凹版画（局部）

《清明上河图》凹版画

雕　刻：孔维云　马　荣　刘益民　赵　川　王　坤　白　金　尹海蓉

韩纪宗　张　宇　钱志敏　彭巍栋　鲁琴珍　宗伟雄

创作时间：2004—2010 年

《熊猫》凹版画　设计：谷克沙
印制：石家庄印钞有限公司

动静俱佳的林中奔马

一幅优秀的景物雕刻作品，必须在构图新颖，层次关系，质感表现等方面，有着独到的艺术感染力，《林中奔马》就是这样一幅佳作。

从整体构图上看，《林中奔马》既有局部的着力刻画，又有整体的统一掌控。作品中三匹奔马，或跃起长啸，或扬蹄急驰，或健步前行，各异的造型充满阳光和力量，将奔马雄姿展现得淋漓尽致。背景树林透进的光线，极似印象画派对光影的巧妙处理，形成在浮动光影之下丰富的色彩效果。

在具体的雕刻上，奔马的运刀大刀阔斧，线条刚硬且富有张力，造型结构精准，马首与身体解剖到位，马蹄稍作虚化有动感，凸显奔马一往无前的精神状态。森林、草木则是疏密有间、虚实相向、精雕细琢，突出骏马胡色块效果和不同姿势的动感。

一动一静，"静"表现的是美感，"动"体现的是精神，这就是《林中奔马》要告诉我们的……

《林中奔马》　手工雕刻：翟英　创作时间：1958—1960 年

吉祥
王戊年岳

《孔雀吉祥图》　手工雕刻：徐永才等　创作时间：1981 年

浓墨重彩说孔雀

一对美丽的孔雀似精灵一般，亭亭玉立在苍劲的松枝之上，寓意华丽富贵、吉祥如意。

在构图上，徐永才雕刻的雄孔雀昂首鸣叫、伸开双翅、舒展长尾，将华丽高贵的神态，表现得淋漓尽致。另一位雕刻师的雌孔雀则温文尔雅、温情脉脉、相伴而立。图案可谓浓墨重彩，极其亮眼。

从雕刻的角度看，《孔雀吉祥图》是否完美，关键在于孔雀羽毛的表现力。孔雀的羽毛在不同部位有着不同的质感。颈部的羽毛细密而柔软，身躯的羽毛紧密而厚实，伸展的羽翅刚硬而挺拔。在雕刻过程中，作者以极其细致的点、线雕刻颈部的羽毛，突出其透亮的质感。躯体的羽毛重在表现其华丽姿态。长尾的处理，则以充满动感的刀法，凸显孔雀的优美与飘逸。

《虢国夫人游春图》　手工雕刻：马荣　刘益民　赵川　白金　尹海蓉　郑可新
雕刻艺术指导：孔维云

　　《虢国夫人游春图》是我国美术史中的一幅经典画作，表现了唐代虢国夫人及其眷从盛装出游的场面，全画气脉相连，节奏鲜明，充满了舒情、闲适、勃勃生气。

　　该作品由六位雕刻师采用凹版雕刻技法对原图进行艺术再创作，结合胶、凹套印的印制工艺制作而成，重现了"虢国夫人游春图"的风采，从一个全新的角度向世人诠释了雕刻凹版工艺具有的艺术特质和防伪功能，其工艺精湛性和不可复制性令整套产品具有了极高的艺术价值与收藏价值。

《五福齐聚》2019 己亥年生肖纪念券　手工雕刻：刘大东　任丽娟　印制：北京印钞有限公司

手工钢凹版雕刻的守望者

　　2016 年 4 月 8 日，《金融时报》刊登了记者采访的文章《刘大东：手工钢版雕刻艺术的守望者》。

　　刘大东 1978 年考入北京印钞厂技校美术班，1981 年 3 月分配到北京印钞厂设计雕刻室，师从吴彭越、苏席华等雕刻大师学习雕刻技术。他和苏席华师傅签了一年的师徒合同，专攻文字雕刻技术。文字雕刻精度要求极高，误差不能超过 0.01 毫米。他勤学苦练，很快掌握了过硬的刀刻技法。

　　1984 年他开始参与第四套人民币文字雕刻的工作。雕刻完成了 100 元券的正面、50 元券的背面、10 元券的正面、5 元券的背面、2 元券的正面所有文字。在后期的改版工作中他又参加制作了所有文字、国徽、行长章、少数民族文字的雕刻工作。

　　后来他从文字雕刻转向风景和人像雕刻，得益于罗工柳、侯一民、吴彭越等艺术大师的熏染，受宋凡、高振宇、苏席华、吴依正、赵亚芸等诸多老一辈雕刻家的指点，他的风景和人像雕刻技艺进步很快。他雕刻的《长城》《颐和园》《毛泽东》《爱因斯坦》《海趣》等作品均有很高的艺术水准。

2002 年 2 月 26 日，我国著名手工钢版雕刻大师吴彭越，将得自父亲的两枚珍贵的放大镜传给刘大东，这是当年海趣使用过的，在赠予证书上吴老这样写道："放大镜是手工雕刻的主要工具，这两个放大镜，具有历史意义。他是美国人海趣之物，曾使用它刻过不少产品。海趣将此放大镜传给我父亲吴锦棠，又使用多年，再传给我，这样又经过了 50 多年。现在我将这两个放大镜传给我的学生刘大东，他有着 20 多年的扎实的雕刻基本功，并多有佳作，是个好苗子。现在特传给他使用，作为留念。希望他把雕刻艺术继承下去，多出精品，发扬光大，为国争光，不辱没先人，特置此留言。"

2003 年以后，刘大东在我国专业期刊杂志上先后发表《手工钢版雕刻人像与风景的工艺变革》《中国钢版雕刻技术》和《浅谈手工钢版雕刻技术》等论文，进行了一系列深入的探究。

2017 年 2 月 21 日，央视网发布了《刘大东：雕版刻刀下的人生》人物报道。在采访中：刘大东对记者说："我坚信由先辈传授下来的钢版雕刻绝技是民族的艺术遗产，是历史的延展与印记。历史不能从我们手中断档，绝技也不应该在这一代失传。"

央视网这样介绍刘大东对手工雕刻的坚守：时代在发展，今天的钢版雕刻很多已经可以交由电脑完成，电脑制作的技术，刘大东也学过，不过尝试了一圈，他还是回到了手工雕刻。在他眼里，不论科技如何发展，终究无法完全取代手工。除了技术上的需要，对于刘大东来说，他对手工雕刻有着深厚的感情，所以他执着坚守。

2005 年，北钞厂成立了设计雕刻工作室，刘大东任技术总监。2014 年，"刘大东油画艺术创作室"和"刘大东钢版雕刻创作室"相继挂牌成立。2017 年，北钞公司新招了两名研究生，跟随刘大东学习手工钢凹版雕刻技术，要让百年技艺薪火相传。

民族魂

凹版雕刻技法油画《黄河壶口瀑布》　作者：刘大东

　　2016年6月17日，《金融时报》刊登了《健笔讴歌"民族魂"》通讯报道，介绍了刘大东在著名油画家、美术教育家、人民币设计专家侯一民的悉心指导下，在油画创作中融入手工钢凹版雕刻的点线技法，精心绘制完成了这幅长12米、高6米的巨幅油画《黄河壶口瀑布》。

　　侯一民亲笔为此画题名为《民族魂》。

后 记

《现金的魅力——人民币雕刻之美》一书的创意，源于 2016 年 4 月，中央电视台播放了《刀尖舞者 雕刻人生》专题片，人民币凹版雕刻师——"大国工匠"马荣被誉为"国宝级的顶级工匠"。新华网、《工人日报》、《金融时报》等很多新闻媒体采访报道了马荣的事迹，人民币凹版雕刻这项珍贵的国家技艺，引起了社会公众的广泛关注。

人民币凹版雕刻，既是一种精细复杂的印钞技术，也是一门独具匠心的精美艺术。七十年来，在人民币印制过程中，从人民币纸币雕刻师这支幕后英雄的队伍中，涌现出吴彭越、林文艺、鞠文俊、苏席华、徐永才和马荣等具有世界一流钞票雕刻艺术水准的雕刻大师，为人民币跻身国际印钞先进行列做出了杰出贡献。

中国印钞造币总公司文学艺术联合会为弘扬大国工匠精神，向社会广泛宣传人民币雕刻这种独特的防伪技术与精美艺术，于 2016 年 5 月与中国金融出版社商谈，决定成立由总公司文联牵头的编写组，撰写《从海趣到马荣——中国钞票手工钢凹版雕刻百年纪行》纪实作品。

编写组经过一年多的资料收集、文字撰写和讨论修改，于 2017 年 11 月汇编成《人民币原版雕刻师》初稿，报送总公司领导审定。刘贵生董事长认真审阅后，提出要从全面宣传人民币艺术之美的高度，分别编写人民币的设计之美、雕刻之美、防伪之美、工艺之美系列丛书，全方位展现人民币现金的艺术魅力，以此激发社会公众了解人民币、爱护人民币的热情。

2017 年 12 月，总公司文联组织召开专题研讨会，增加编写力量，调整写作思路，重写框架结构。总公司党群工作部将编写《人民币雕刻之美》作为组织开展"纪念人民币诞生七十周年、讲好中国印钞造币故事"系列活动的重头戏。

　　2018 年 1 月以来，全体编写人员齐心协力，分头查阅了上千档案资料，拍摄了 3 万多张照片，访谈搜集了大量雕刻师殚精竭力、精雕细琢的感人事迹，精心撰写人民币雕刻之美系列文章。

　　编委会先后召开了 3 次专题审稿会，编辑部组织专业人员从不同层面、不同角度对书稿进行了数十次讨论修改，精益求精，数易其稿，终于在 8 月中旬正式定稿。

　　本书编写参阅了《中国名片人民币》《当代中国货币印制与铸造》《当代中国印钞造币志》《中国印钞通史》《国际钱币制造者》《百年北钞》《上钞印迹》及印钞企业志书与档案等资料；得到了北京印钞有限公司、上海印钞有限公司、成都印钞有限公司、西安印钞有限公司、石家庄印钞有限公司、南昌印钞有限公司、技术中心等有关单位的大力支持；中国金融出版社社长魏革军、中国钱币博物馆馆长周卫荣、中央美术学院党委副书记王少军、美术评论家陈发奎等专家帮忙审稿；吴树森、刘延年、马贵斌、李林、孙建华、苏席华、白士明、赵亚芸、徐永才、花瑞松、马荣、刘大东、高铁英、朱佳艺、肖福君、谷克沙、邱萍等同志在不同方面给予了热忱帮助。在此，对所有为本书给予支持与帮助的单位和个人，表示最诚挚的感谢。

　　由于查找档案资料的工作量很大，任务重、时间紧，编写人员虽竭尽全力，但难免有不当之处，敬请广大读者批评指正，以便再版时更正。

《现金的魅力——人民币雕刻之美》编辑部

二〇一八年八月